海洋石油安全
生产知识百问百答

赵德喜　著

U0247716

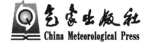
气象出版社
China Meteorological Press

内容简介

海洋石油行业具有高风险、高技术、高投入的特点,面临复杂多变的作业环境和巨大的成本压力,对安全生产管理提出了极高的要求,本书正是为了满足这一关键需求而编撰的实用工具书。

本书内容系统全面,知识点丰富。通过发散性、综合性的知识点筛选,采取一问一答的方式,编写了安全环保管理、生产作业常识、油水井管理、生产流程运维四个方面的 100 道问答题,对海洋石油行业从业人员应知应会的安全生产知识进行了系统的阐述。本书可供相关从业人员培训使用,也可供行业监管人员在工作中阅读参考。

希望本书能够充当一位贴心的导师,陪伴海洋石油工作者在波涛汹涌的大海上稳步前行,为海洋石油行业的安全、稳定、可持续发展保驾护航。

图书在版编目(CIP)数据

海洋石油安全生产知识百问百答 / 赵德喜著.
北京 : 气象出版社,2024. 9. -- ISBN 978-7-5029
-8297-3

Ⅰ. TE58-44

中国国家版本馆 CIP 数据核字第 2024UV5238 号

Haiyang Shiyou Anquan Shengchan Zhishi Baiwen Baida

海洋石油安全生产知识百问百答

赵德喜 著

出版发行:气象出版社

地 址:北京市海淀区中关村南大街 46 号　　　邮政编码:100081
电 话:010-68407112(总编室)　010-68408042(发行部)
网 址:http://www.qxcbs.com　　　 E-mail:qxcbs@cma.gov.cn
责任编辑:彭淑凡　　　　　　　　　　　　终 审:张 斌
责任校对:张硕杰　　　　　　　　　　　　责任技编:赵相宁
封面设计:艺点设计
印 刷:三河市君旺印务有限公司
开 本:710 mm×1000 mm　1/16　　　　 印 张:8.75
字 数:135 千字
版 次:2024 年 9 月第 1 版　　　　　　　 印 次:2024 年 9 月第 1 次印刷
定 价:60.00 元

前　言

　　在海上采油平台,生产专业人员作为油气生产的主力军,既要熟悉掌握地质油藏、油水井管理、工艺流程等生产知识,又要对机械、电气、仪表等相关专业知识有所了解,还要知晓安全管理、作业常识等,这就对生产人员提出了较高的学习要求。大多数平台作业人员仅仅了解PI&D(管道和仪表流程图)图纸、零散的工作经验、设备结构和操作程序,缺少系统的总结和经验积累,尤其是新员工、新转岗员工更是摸不着门道。

　　虽然平台有师带徒这一传统培养模式,但是师傅的经验技能、精力和表达也在一定程度上限制着传承的效率和效果。同时,随着海上油田的飞速发展,人员流动更迭加速,客观上造成了人员培养出现断层和技能摊薄,加之用工制度变化带来的人员基础薄弱,存在生产人员技能不满足生产需要的隐忧。

　　本书结合渤海油田现场作业的实际情况,通过发散性、综合性的知识点筛选,采取一问一答的方式,编写了安全环保管理、生产作业常识、油水井管理、生产流程运维四个方面的100道题目,以帮助海上采油平台生产人员提高基础技能和综合素养,有力支撑平台安全环保稳定运行。

　　由于笔者水平有限、时间仓促,疏漏之处在所难免,敬请广大读者批评指正,期待下一版更加完善。

赵德喜

2024 年 6 月

目　　录

一、安全环保管理

1. 生产系统有哪些安全风险？日常工作中要关注哪些安全要点？

(1)主要安全风险

① 油气泄漏产生的火灾和爆炸,分布于油井井口、生产管汇、生产分离器、电脱水器、计量设备、燃气处理系统、开闭排系统、火炬分液系统等。

② 压力以外泄放产生的高压伤人,分布于油水井口、燃气处理系统、油处理系统、海管通球作业时、泵类刺漏、带压作业、公用气系统等。

③ 高处落物伤人,分布于各层甲板的结构件、生产系统设备顶部、高处作业脚手架上落物、吊装作业中坠落物、修井机井架落物、安全帽佩戴不合格等。

④ 物体打击伤害,分布于日常管线拆装、阀门开关、敲击螺栓等用到手动工具的场合。

⑤ 人员意外坠落,分布于高处作业时防护措施不到位、安全带等系挂设备有问题、井盖孔洞防护不到位而坠落、上下楼梯意外摔倒、上下吊笼未按照规范操作等。

⑥ 进入限制空间作业导致窒息,分布于各类容器清罐、氮气系统检修、保护气体意外释放等场合。

(2)日常工作中关注的要点

① 关注系统设备的可靠性和完整性,确保设备在设计范围内运行,杜绝超压运行。

② 规范自身所处位置,避免待在吊装作业、高压作业、高处作业、热工作业等非常规作业现场,站位要避开设备和能源可能释放的方向。

③ 高度重视工艺系统各种压力、液位和流量的报警,及时消除流程异常。

④ 工作时选用合适的工具,规范操作,高处作业前要检查防护器具。

⑤ 非常规作业严格按照规范开展,按设计压力作业避免带压检修等。

2. 生产系统有哪些环保风险点？日常工作中应该关注什么？

生产系统环保风险点主要包括以下几个部分：开闭排、冷放空、火炬、相关仪表设备、阀门、井控系统、安全阀、海管、栈桥等。需要平时熟知本平台的应急预案，当发生应急情况后第一时间启动预案，将险情影响降至最低。

在日常工作中，我们进行流程的巡检时应该对于不同的设备和地点做到关注点不同。

各储罐容器：罐体连接管线处及焊缝处是否无渗漏、无变形、无腐蚀现象；罐体固基是否无倾斜或开裂，无不正常的沉降现象。

开闭排系统：污油池目视池内液位高度，与液位计显示进行对比是否一致；气动污油泵状态是否良好，气源是否堵塞，泵吸入口是否通畅，排海阀门是否正常关闭。

开排：入口管线是否导通，出口开排泵是否处于备用送电状态，不常用备用泵需要定期点动测试，保持随时可用。当雨季来临前清洗滤网，必要时清罐。排海阀门是否处于关闭状态。

闭排：管线是否通畅无憋压现象；闭排泵在恶劣天气前及时清理泵前滤网，对于螺杆离心泵要定期点动测试，且出口球阀灵活，安全阀处于导通状态。

冷放空管线：出现跑冒滴漏现象时，需要及时打开注水缓冲罐处泄放阀，降低泄漏的风险，同时紧急排查泄漏处，及时堵漏。

火炬状态异常：发现火焰异常高、低或熄灭时，需要及时告知中央控制室（简称中控）并且现场确认燃气系统是否正常，分离器气相 AB 组阀门开度是否正常。当火炬存在喷油或者有其他液体喷出，立即启动应急程序，需要及时观察火炬分液罐及闭排罐液位是否正常，压力是否正常，必要时关闭火炬系统，防止污染环境。

阀门：相关管线上阀门是否灵活，前后法兰及阀门压盖是否紧固，无泄漏、锈蚀现象，阀门动作后，阀芯动作是否正确。

观察现场 LV（液位调节阀）、PV（压力调节阀）、TV（温控阀）、SDV（紧急关断阀）等调节阀是否动作灵活，牢靠固定在管路或设备上，气源压力正常，无泄漏、异常振动现象，外观清洁，无污染和腐蚀、损坏现象。

压井泵：日常检查要认真，定期点动启泵，听声音是否有异常，护罩是否脱落，回流阀是否可以正常开启等。

采油树：各服务翼阀、法兰连接处是否有泄漏，注脂单流阀是否有泄漏现象，压力表及压力变送器状态是否正常，定压放气阀是否有泄漏现象，油嘴是否有过流声，取样口是否有滴漏现象。

修井机附件的防喷器、阻流管汇、大小四通等井控设备：是否有异常声响或者泄漏现象。

安全阀：前后阀门是否正确导通，安全阀是否有过流声，是否有起跳现象，状态是否正常；安全阀是否在校验有效期内。

海管：压力是否正常，海管立管防护是否完好，有无破损；通球后残余物及时分析。海管腐蚀检测系统定期查看，缓蚀剂下药量定期调整标定，AIS（船舶自动识别系统）每日定时查看，溢油摄像头定期巡检，矿区船舶穿梭时定期关注是否有异常情报汇报等。收发球桶内的液体及时排出，尤其在冬季。

栈桥：栈桥管线较多，对于膨胀弯处管线重点查看有无应力变形；大风天气查看是否存在保温层掉落、电缆架散落现象；夜间及天气不好时及时打开雾笛导航灯等安全指示设备，防止船舶误撞；定期观察法兰连接处、阀门处是否存在泄漏现象。

3. 遇到附近海域有无主漂油，生产人员该如何行动？

发现问题后要第一时间报告中控岗位；报告时要将详细方位、影响面积、附近有无可疑船只、天气/海面状态叙述清楚。

中控得到相关信息后，进行初步判断。如果情况较为严重，应及时通知总监告知情况，等待是否需要紧急启动溢油风险预案的答复。现场各岗要及时检查各自溢油风险点，尤其现场施工存在额外风险的位置。其次,通过海面漂油方向及时通知相关平台进行排查。中控岗位及时查看平台各流程相关参数是否正常,尤其是海管压力、温度。

建议总监调用相关船舶在漂油海面进行紧急巡检,查看是否存在海管泄漏点等现象。如果海况天气允许,可以启动 CEPI 无人机进行巡视,查找漂油原因。

通知安全机械部门现场准备防溢油物资,必要时进行启用。如果溢油情况还未查明原因,且有扩大趋势,可以申请关停必要设备及设施,防止溢油环保事故的扩大。

4. 承包商在平台的工作顺序是什么?现场负责人需做好哪些管控?

(1)承包商在平台的工作顺序

① 作业前要严格依据承包商八项管理规定:签合同、确定施工方案、风险预分析、安全措施、现场安全分析、许可证申请、安全会(班前会)、作业前检查。

② 作业前技术交底会、工程启动会至少应包括以下四点内容:施工方案、作业风险分析、涉及的安全管理规定、涉及的事故案例。

③ 作业前还要确认承包商相关资质是否齐全完整,新登平台要进行安全教育,确认是否存在"新出海员工"(海上工作时间少于或等于 6 个月)。如存在,要重点关注,确认承包商出海天数是否存在超期现象,确认相关物料、工具是否齐全,工作进度安排是否合理。

④ 工程启动要进行三级计划编写,提示工作日报中需要注意的事项。

⑤ 承包商安全方面:作业前 JSA(工作安全分析)和作业过程中风险点的规避措施。

⑥ 承包商作业时效方面:管控承包商是否按作业计划施工,有无拖延现象。

⑦ 承包商作业质量方面:作业工具及设备状态是否良好,作业结果是否达到设计要求。

⑧ 作业后要对施工质量及施工场地卫生状况重点检查,发现问题及时让承包商进行整改。相关工具、物料是否存在需要返回陆地,是否需要提前申报等。同时根据施工期间的工作状态和完工质量,填写相关考勤和完工报告及评分。

(2)现场负责人职责

① 组织协调现场作业,并按照工作许可证检查施工辅助机具、材料、设备、人员,确保具备安全作业条件。

② 作业前组织承包商进行现场状态和作业条件沟通、检查和确认,开展作业前的安全风险分析。

③ 协助作业许可证申请人申请作业许可证,共同填写作业许可证上各项安全要求,涉及设备、系统、能源流隔离时,现场负责人向隔离负责人提出隔离申请。

④ 负责向作业人员进行现场作业区域内安全要求的告知工作,介绍作业许可证上各项要求及应急职责进行分工落实。

⑤ 作业前现场检查并落实作业许可证上各项要求,具备作业条件。

⑥ 协调施工单位和现场其他各项作业存在的相互影响,协调通报后方可通知施工单位开始作业。

⑦ 督促、检查、指导作业人员严格依照作业许可证要求开展作业,并对施工质量进行严格把关。

⑧ 发现异常或突发应急事件情况,作业人员应立即停止作业,按照应急部署执行。

⑨ 作业中断时,应对现场采取必要的隔离措施,确保现场安全状态。

⑩ 作业结束后,对作业内容、质量的完成情况进行确认,对作业现场的安全状况进行检查。如存在不安全状况,应采取有效措施确保作业现场安全。

5. 不同恶劣天气会对生产部门工作产生哪些影响?

海上常遇见的恶劣天气有大风、大雾、闪电、大雨、寒潮。在遇到此类极端恶劣天气时,应立即停止室外作业,将工具、物料妥善处理。

(1)大风天气

渤海是我国北方重要海区,渤海西接世界最大的大陆——亚欧大陆,东邻世界最大的大洋——太平洋,是著名的东亚季风区。冬季,强大的冷高压盘踞在西伯利亚地区,冷空气频繁爆发南下,使渤海地区盛行西北风,且来势猛,风力强,一般为 5～6 级,强风可达 9 级或以上,对海上船舶、油气生产设施造成严重影响。

大风期间风力较大,极易将松散物品、施工材料等其他物品吹动,可能造成手报站和探头误报警。并且存在将甲板污油吹入海里,造成溢油环保事件。

(2)大雾天气

雾是大量小水滴或小冰晶悬浮在近地面空气层中,致使能见度减小的现象。根据水平能见度距离 V,可以将雾分为轻雾(1000 m＜V≤10000 m)、大雾(500 m＜V≤1000 m)、浓雾(200 m＜V≤500 m)、强浓雾(50 m＜V≤200 m)和特强浓雾(V≤50 m)五个等级。

大雾天气中空气中弥漫的小水滴和小冰晶可能会影响室外的火焰探头、烟雾探头等,造成故障报警,导致关断。

(3)闪电天气

通常是雷暴云(积雨云)产生电荷,底层带负电荷,上层带正电荷,而且还在地面产生正电荷,如影随形地跟着云移动。正电荷和负电荷彼此相吸,但空气却不是良好的传导体。正电荷奔向高大建筑物的顶端甚至人体之上,企图和带有负电荷的云层相遇;负电荷枝状的触角则向下伸展,越向下伸越接近地面。最后正负电荷终于克服空气的阻障而相遇产生放电现象。巨大的电流沿着一条传导通道从地面直向云层涌去,产生出一道明亮夺目的闪光。

因为平台整体是个钢结构,立于海面上,因此,在闪电天气中极易将雷电吸引过来,造成设备、人员伤害。大量的电流经过设备探头时,可击穿电元件造成故障或者报警导致关断。

(4)大雨天气

天空中由液态水滴(包括过冷却水滴)所组成的云体称为水成云。水成云内如果具备了云滴增大为雨滴的条件,并使雨滴具有一定的下降速度,当上升气流托不住时,降落下来的就是雨。由冰晶组成的云体称为冰成云,而由水滴(主要是过冷却水滴)和冰晶共同组成的云称为混合云。从冰成云或混合云中降下的冰晶或雪花,下落到 0 ℃以上的气层内,融化以后也成为雨滴下落到地面,形成降雨。按照降雨量的大小对降雨进行分级,24 h 降雨总量在 25～49.9 mm 称为大雨,50～99.9 mm 称为暴雨,100～249.9 mm 称为大暴雨,达到或超过 250 mm 称为特大暴雨。

大雨天气开排罐液位由于暴雨或者其他不明来液异常高涨,进液量超过两台开排泵转液量,现场就会存在地漏返油、开排罐呼吸口冒油甚至海面溢油的风险。由于大雨天气一般伴随着闪电和大风,因此,也应该防范大风和闪电的影响。

(5)寒潮天气

寒潮,是指来自高纬度地区的寒冷空气,在特定的天气形势下迅速加强并向中低纬度地区侵入,造成沿途地区大范围剧烈降温、大风和雨雪天气。这种冷空气南侵达到一定标准的就称为寒潮。通常,渤海沿岸于 11 月中、下旬出现初冰,次年的 3 月中、下旬终冰,冰期在 105～120 天。

渤海海域在寒潮期间,受到的主要影响有现场液位计读数、水管线爆裂、气管线阻塞、油管线阻塞、压力传感失真。在极端情况下可能会出现海管运行阻塞。如果海面结冰,应注意冰的流向和平台结构的变化。

6. 不同恶劣天气情况下如何提前应对和应急处置?

在遇到极端恶劣天气时,中心平台应该及时通知上游井口平台现场恶劣天气情况,告知其及时转液、旁通信号。现场出现任何紧急情况应及时汇报、广播。加强视频巡检,井口平台每半小时向中心平台汇报生产情况。此外,针对不同的恶劣天气,应该采取不同的应急处置措施。

(1)大风天气

① 对照大风前检查表,将松散物品、施工材料捆扎牢固。

② 中控人员确认必须旁通的信号,将相应的信号做好旁通,防止误关断。保留报警功能,必须专人值守,有应急情况手动触发。

(2)大雾天气

大雾天气时中控人员应提前将雾笛开启,确认必须旁通的信号,将相应的信号做好旁通,防止误关断。保留报警功能,必须专人值守,有应急情况手动触发。

(3)雷雨天气

① 第一时间对各岗检查地漏封堵情况,对未封堵地漏及时进行封堵;

② 对开排罐、闭排罐、污油池进行转液,保持低液位;

③ 视情况对现场火焰探头、手报站、FM200 触发/抑制、弃平台按钮、易熔塞回路、海水/消防管网等信号进行临时旁通处理,及时通知上游井口平台现场雷雨恶劣天气情况,告知其及时转液、旁通信号;

④ 现场出现任何紧急情况及时汇报、广播;

⑤ 密切关注分离器界面、斜板收油等流程状态;

⑥ 准备好气泵,防止污油池转液不及时造成溢油污染;

⑦ 需排海时,了解进开排各路管线状态,防止污油入海,排海时需专人看守,出现问题立即关闭排海阀门;

⑧ 由于雨水进工艺流程,密切关注生产分离器水质;

⑨ 由于雨水工艺进流程,密切关注水系统各级水质,适当上调药剂下药量;

⑩ 要求井口平台密切关注冷放空状态,避免雷击起火,如果发生,立即启动应急程序;

⑪ 改进措施:将开排至污油池管线改为三通,一端改造为快速接头形式,遇特殊天气可直接连接软管,将开排液直排入海。

(4)寒潮天气

① 入冬前准备工作

每年 10 月份组织召开冬季安全生产准备工作会,制订冬季安全生产计划,做好冬季十防(防火、防爆、防风、防碰、防冰、防滑、防冻、防触电、防中毒、防病)。

　　a. 保持设备、管线的外保温情况良好;

　　b. 保持电伴热系统设备工作正常;

　　c. 滑油、燃油等及时完成替换;

　　d. 雨雪过后及时清除积水或积雪;

　　e. 密切关注海冰发展情况和海冰预报。

② 海管防寒要点

当最低环境温度高于原油凝固点(1～3℃)时,虽然不会产生凝管现象,但对于黏度大的油品,随着输量的减小,输送温度也会大幅度降低,致使管线中流体的黏度变大,管线的起输压力远远超过正常输送压力,从而使管线无法正常输送。若已知停输时间不会超过管线的允许停输时间,则管线内介质不必进行置换,待恢复生产后靠其自身的生产条件使管线直接投入使用;但若已知停输时间将超过管线的允许停输时间,则应尽早对管内介质进行置换。当平台因不可预见因素而应急停输后,若在管线允许的停输时间范围内仍不能恢复生产,除非另有办法使管线再投产时得以恢复使用,否则必须对管线内存留介质在要求的时间内进行置换,以确保管线的安全。当最低环境温度低于原油凝固点时,一旦停输,管内介质温度迅速下降,存在凝管风险,需严格按照海管停输置换程序进行海管置换,确保管线安全。

7. 生产部门有哪些危化品? 日常管理中有哪些要点?

(1)生产部门的危化品

生产流程中添加的药剂(包括破乳剂、消泡剂、缓蚀剂、防垢剂、水相清水剂、浮选剂、杀菌剂等),化验使用的试剂(四氯乙烯、无水乙醇、石油醚、航煤等),原油样品,柴油,地层砂,核桃壳滤料,污油泥等。

(2)日常管理中的要点

① 危险物品现场验收

危险物品运送到现场单位后,现场单位的接收人员应组织有关人员进行验收,包括核实危险物品(含危险物品混合物)的数量、包装物是否完整、标志是否清晰、是否有化学品安全数据表(MSDS),并做好接收记录,同时应将 MSDS 集中管理,并复印一份交现场单位的医生(无医生的由兼职急救员保存)。验收完成后参与验收的人员在同一张验收单上签字,由各专业监督/专业工程师/平台长负责保存。

验收合格后,使用单元应为危险物品建立台账,详细记录危险物品的出入库情况。验收时应选择在安全的地点进行。

② 作业现场的存放要求

在作业现场存放危险物品应尽量存放在远离危险区和生活区的适当地点和容器内,根据危险化学品的性质采取隔离储存、隔开储存或分离储存,并做好相应的安全保卫工作。现场临时存放危险物品的数量满足工作需要的最小量即可,不允许长期存放过量的危险物品。危险物品应由专人负责管理,如有剧毒化学品应实行双人收发、双人保管制度。

③ 危险物品的使用安全管理要求

使用危险物品的作业场所应张贴 MSDS,作业人员应熟悉危险物品的 MSDS 和作业规程等,按照产品说明书配备合适的劳动防护用品和必要的应急救援器材、设备等。添加药剂时要穿好防酸服(上甲板柜子里),戴好胶皮手套、呼吸面罩,备好洗眼液(在燃气机旁的灯柱上),拉好隔离带(隔离带标明作业项目)。换装药剂罐时要将托盘放置在接头处,防止药剂滴漏。连接加药口时要进行二次确认,防止加错药剂罐,加药前和过程中要与中控沟通,确认液位,估算可以添加的药剂罐数。作业结束后,操作人员应做好收尾工作,采取必要的措施,确保作业场所和设备处于安全状态,对于散落的危险物品必须回收。

④ 危险物品返塘要求

a. 根据化验员申报反馈,填写《返塘物料清单》以及《危化品返塘单》,《返塘物料清单》发送至报房、安全助理、水手长以及化验员,《危化品返塘单》由工艺工程师和生产监督员签字确认后,交由水手长等待返塘,按照海事局要求,危化品运输需要张贴对应的危险品标识。

b. 污油罐返回需根据分类张贴标识(根据邮件实时更新)。在返回前要对系物和被系物进行检查,发现不合格情况及时跟水手长联系进行更换。相应阀门和开孔要固定关牢。

8. 作业许可证常见的填写错误有哪些?

(1)作业时间填写错误

在生产设施开展的任何作业,作业许可证必须在作业开始之前进行申请和批准。作业许可证批准签发后超过 2 h 没有开始作业,或作业间断超过 2 h,必须重新办理许可证。作业许可证的有效期为 12 h,超过 12 h 需重新申请许可证。因此,作业时间应填写作业开始前 2 h,且结束时间不得长于开始时间后 12 h。对于临时信号旁通需要延时,必须提前 30 min 以上提出并经仪表师及相关专业监督人员确认;在许可证上填写延长时间,并经总监批准。延时最长为 6 h,超过规定时间需重新签发许可证。

(2)申请人填写错误

根据 QHSE 管理体系要求,电力隔离和信号旁通许可证有关联许可证的,申请人应为关联作业许可证的现场负责人。

(3)作业批准人填写错误

在生产设施开展的任何作业,作业许可证必须在作业开始之前进行申请和批准,批准人应为设施总监或其书面授权的人员。对于井口平台可由总监授权平台长对通用作业许可证,以及部分热工作业如摄像、照相、除锈作业、打磨作业,非危险区域内且与井口平台任何系统无关联的热工作业等,电气作业(临时用电)许可(50 kW 以下设备的临时用电作业),高处作业(不涉及舷外的高处作业)进行审批。对于旁通作业,临时旁通和短期旁通审批人为总监,中期和长期旁通则由作业公司总经理审批。其次,涉及钻完井、测试作业及工程船舶作业,可按照承包商相应的制度执行,但总监应对关键作业(抛锚靠泊作业)进行最终现场批准。钻/修井平台、工程船舶等作业设施与生产设施进行的联合作业,其交叉区域或相互影响区域的作业许可的审批应由各方负责人进行会签。通用作业许可授权钻完井监督批准,特殊作业许可证由管理中心总监和钻完井监督人员联合会签。

(4)填写作业工具、设备不详细

根据质量体系要求,作业许可中需要填写使用工具及设备的应详细填写工作中需要的各类工具,包括使用工具、保护工具以及可能使用的工具等。

(5)注意事项和防护用品选择不详细

应详细选择一般注意事项和劳动防护用品,防止漏项、少项。

9. 机械隔离方法与特点是什么？工艺隔离有哪些注意事项?

(1)机械隔离方法与特点

机械隔离方法按照从高级到低级顺序分为如下四类。

① 拆卸隔离法

特点:所有的机械隔离都可以使用这一方法,对所有的作业项目安全有效。拆卸隔离法从根本上保证了隔离效果,将管线拆开并将管端分开或从系统中拆除一部分,再将两个开口端进行封隔并加上标记。

② 截断加盲板

特点:在不宜采用拆卸隔离法的情况下,安装盲板是较好的方法。对于进入闲置空间内作业应采用此方法隔离相关能源流。隔离时应先关断截断阀,进行初步隔离,然后安装盲板。

③ 双截断加泄放隔离法

特点:上述方法不行时,可采用双截断加泄放隔离法,这种方法用得不多,而且在进入容器和有限空间作业时不允许使用这种方法,不能提供较长时间的隔离。隔离时要将隔离设备前两个截断阀关闭,两个阀门之间的管线进行泄压排放,要求截断阀的密封良好,并且用锁链固定,自动阀不能用作隔离阀。如果要用,必须使其自动功能失效,泄放阀必须是全开型阀门,其尺寸应满足关闭截断阀时能通过可能的最大泄流量的要求。

④ 单截断阀法

特点:该方法的可靠性不如前述方法,只有在不会出现高风险的情况,或者进行一些常规性维护作业时,可以用单锁关闭。该阀门必须在完全关紧、无内漏的情况下使用。该阀门关闭后必须进行锁定和挂上隔离锁定标签。

各个隔离方法适用范围如表 1-1 所示。

表 1-1　隔离方法应用表

系统介质特征	工作介质举例	最大上限压力	管径	隔离方法
蒸汽(也就是有烫伤的危险)	生活用热水	无限制	任何管径	单截断阀法
不可燃的、无闪火的、无毒的、无刺激性液体	海水	＞1700 kPa	任何管径	截断加盲板
		≤1700 kPa	任何管径	单截断阀法
	消防水、饮用水、冷却水	无限制	任何管径	单截断阀法
不可燃的、有热闪火的液体(也就是有烫伤的危险)	热介质	10 bar(1000 kPa)	任何管径	双截断加泄放隔离法
不可燃的、无毒的、无刺激性的气体	仪表气、氮气	＜1000 kPa	任何管径	单截断阀法
		≥1000 kPa	任何管径	双截断加泄放隔离法
可燃的、无闪火液体(也就是有烫伤和燃伤的危险)	发动机燃料、柴油、生产水、甲醇、乙二醇	≤2 bar(200 kPa)	≤1″	双截断加泄放隔离法
		≤2 bar(200 kPa)	＞1″	截断加盲板
		＞2 bar(200 kPa)	任何管径	截断加盲板
闪火、可燃液体,可燃气体,毒性气体	原油、天然气、凝析油、液化气	无限制	任何管径	截断加盲板
不可燃的、无闪火的、有毒的液体(也就是有中毒的危险)	化学药品	无限制	任何管径	双截断加泄放隔离法

若按该表所选择的隔离方法不合适,可考虑采取更高级的隔离方法,如单截断阀法不行,选双截断加泄放隔离法;双截断加泄放隔离法不行,

应选截断加盲板。拆卸隔离法对所有的作业项目安全有效。

（2）工艺隔离的注意事项

① 申请隔离锁定，由隔离负责人审阅许可证工作内容和健康安全环境控制措施，结合现场设施设备状况，对将要隔离的设备、设施及装置进行分析，在相应的管线仪表流程图（P&ID）上进行标识，设计出隔离锁定方案，必要时隔离标识图可另附方案。

② 现场负责人应通知隔离操作人员准备隔离锁，隔离锁上应有唯一的编号。

③ 进行隔离和锁定作业前，通知设施中控室和所有相关人员。每完成一个隔离点应检查是否有危险情况出现、隔离效果如何，必要情况下应进行相关测试。隔离方案实施后须经现场负责人再次确认。如需要变更时，首先应按条款进行风险分析、定出方案，在隔离锁定单上变更后才能重新进行隔离作业，直至隔离合格。现场负责人在确认隔离效果后，组织隔离操作人员在合适位置加挂隔离锁，保持隔离状态。同时在隔离点上挂上隔离标签，并在标签上填写相关内容（说明隔离的时间、隔离操作人员及隔离原因）。在隔离锁定单上登记隔离锁号、隔离时间，签署隔离人姓名，经现场负责人确认后进行签字。

④ 所有隔离内容完成后，经现场负责人确认后应将锁定钥匙（应明确锁定钥匙只有唯一的一把，其他人无此钥匙）交由隔离审批人保管。

10. 热工作业在作业、监护和管控中，有哪些关键要点？

热工作业在作业、监护和管控中，从作业前召开、作业中到作业结束后的关键工作要点介绍如下。

（1）作业前

① 检查参加热工作业的焊工、电工等特种作业人员的特种作业证。

② 现场负责人对承包商进行技术交底和召开 JSA 会议，熟知此次作业的安全风险、控制措施及应急预案，并与可能涉及的交叉作业相关单位提前沟通，检查落实各项安全防护措施，确保各类作业的安全有序进行；

如有必要时,可根据情况停止其中一方或多方的作业。

③ 根据现场情况开具热工作业、信号旁通等相对应的工单。

④ 检查确认作业区域内消防、报警及逃生系统完好,并确保其处于正常状态;并要求承包商热工作业要由有动火监护证的作业监护人在场监护,作业监护人应熟悉并掌握常用的急救方法,具备消防知识,会熟练使用消防器材,熟知应急预案。

⑤ 要求施工单位配备两台或以上便携式可燃气体探测仪。

⑥ 检查电焊机及配套附件、拖线盘、电动工具的安全等级和性能;电焊机必须有独立专用电源开关控制,开关容量与焊机匹配;测量绝缘、测试漏电保护器,确保接地线匹配可靠接地。

⑦ 要求承包商根据工种和作业性质选择对应劳动保护用品,特种防护用品有合格证和检验证。

⑧ 在进行热工作业前,要求承包商采取防止火花飞溅扩散的措施,如有效地封堵动火点附近的地漏,有风天气时使用非可燃材料的遮挡物阻挡火星飞溅等。

⑨ 检查承包商人员所用工具是否为防爆工具;所用敲打、撞击等工具应是防止火花产生的材料制成。

⑩ 要求热工作业所使用氧气、乙炔管线及附件应齐全合格,氧气瓶与乙炔瓶采取遮阳和防风雨措施;瓶体稳固放置和捆扎(外力不致倾倒),乙炔气瓶必须直立放置;气瓶瓶头阀、减压阀、压力表附件完好,功能正常,使用乙炔气瓶时要安装回火防止器;气带管线和气瓶嘴必须用专用接头连接,管线应完好无损(无破损、无接头、无老化龟裂);枪体完好,功能正常;氧气瓶与乙炔瓶要求距离不小于 5 m,距离热工点不小于 10 m。

⑪ 作业负责人要确认气象、环境条件符合作业安全基本要求,如不符合及时停止作业。

⑫ 要求热工作业监护人对作业现场周围及上下至少 5 m 范围内(包括任何隔墙或障碍物的另一边)进行危险源和危险区域的辨识和检查,及时清除可燃物、易燃物、积水、障碍物等,无法清除的地方要用阻燃物品做好隔离。

⑬ 在热工作业区域入口处应悬挂醒目的安全警示标志,对热工作业周围区域进行安全隔离,悬挂安全警示标志,防止其他人员误入,并通过广播告知,禁止无关人员进入。

(2)作业中

① 要求监护人每间隔 30 min 对热工现场可燃气体进行测试并做好记录,其含量应小于爆炸极限下线(LEL)的 25%。初始气体检测时间与动火开始时间间隔不得大于 30 min 或动火作业中断时间超过 30 min,否则应重新开展气体检测。

② 要求监护人作业期间密切关注火星和熔渣的掉落方向,确保其在可控范围内;若火星溅落范围内有格栅板,需铺设防火毯;如热工作业影响范围涉及两层甲板或隔层,需安排两名监护人分别对两层甲板或隔层进行监护。

③ 密切注意作业点周围的环境变化;如作业环境发生变化不利于作业时或发生其他应急情况时,监护人要立即停止作业,同时要做好防护处理;恢复作业前必须再次检查作业场地条件。

④ 在危险区域现场监护人应携带可燃气体探测仪全程监护热工作业,监护人不得从事与监护无关的任何作业。监护人需要暂时离开时,作业必须停止并对现场做好安全防护措施。

⑤ 在作业期间电焊钳点(点火点)与地线应在同一工件上,两点距离不应大于 0.5 m;非焊接时焊把钳禁止夹带焊条;如移动电缆把线和地线,必须先关闭焊机电源;电缆把线应高架低用,禁止影响逃生通道;休息期间或暂停作业应及时关闭电源。

⑥ 在作业期间严禁氧气瓶及附件粘上油脂;氧气瓶最小剩余压力大于 0.1 MPa。移动气割枪前须先熄火,点燃气割枪必须使用专用打火器。

⑦ 当工作地面潮湿或有水时,如果无法保证电气作业安全,作业人员应停止电焊作业。

⑧ 在热工作业中止一段时间(一小时内)重新开始作业前,应重新确认作业环境、条件满足安全作业要求;如果热工作业中止超过两小时,应重新进行作业许可的申请和审批。

（3）作业后

① 对作业期间产生的废弃物要及时进行分类清理。

② 消除各种火种，切断与热工作业有关的电源、气源等。

③ 对现场进行检查确认，确认无火灾隐患存在，30 min 后方可撤离。

④ 作业申请人在作业结束后，向作业负责人报告热工作业完成情况，经专业监督审查合格后关闭热工作业许可证，及时恢复各类信号旁通和隔离锁定，保障现场的安全状态。

11. 高处作业在作业、监护和管控中，有哪些关键要点？

高处作业在作业、监护和管控中，从作业前、作业中到作业结束后的关键工作要点介绍如下。

（1）作业前

① 制定高处作业计划，组织作业安全分析，制订安全防护措施，并向作业相关人员进行技术、安全交底，并检查作业人员是否持有特种作业许可证，要求其正确佩戴和使用劳动防护用品。

② 加强高处作业人员业务技能和安全知识培训，未经培训掌握高处作业所需专业知识和安全技能的人员不应安排高处作业。

③ 开具高处作业工单、JSA 表、"五想五不干"卡等。

④ 夜间从事高处作业应配备良好的照明器具，照明效果不佳时不应进行高处作业。

⑤ 要求在安全带使用前进行外观检查，作业负责人应对作业人员安全带的正确使用进行检查，作业单位每季度至少进行一次安全带专项检查。存在缺陷的安全带应由厂家修复，无法修复的应做破坏性处理，防止他人误用。

⑥ 高处作业区域入口处应悬挂醒目的安全警示标志，对高处作业下方周围区域进行安全隔离，悬挂安全警示标志，防止其他人员误入；在特殊高处作业区域入口应设置作业动态展示牌，标明高处作业负责人、作业内容、应急联络方式、即时作业人数等信息。

⑦ 要求特殊高处作业人员应配备通信器材，便于和地面人员沟通联系。

（2）作业中

① 在坠落高度 2 m 以上有可能发生人员坠落的高处作业时，要求承包商使用并始终保持系好安全带。

② 发现高处作业与其他作业交叉进行时，应指定专人负责指挥协调；尽可能避免上下垂直交叉作业，无法避免时应采取可靠隔离措施。

③ 若遇到以下环境条件时，不允许进行高处作业：

a. 遇有风力 6 级以上大风、雷电、暴雨、大雾等恶劣天气条件下；

b. 作业区域的冰、雪未清除，并且未采取有效的防滑措施；

c. 附近有排放有毒、有害气体等场所，并且未采取有效的防护措施；

d. 接近高压电线 2 m 以内区域，且电源未切断或电线未迁移；

e. 作业区域孔洞未设有坚固的盖板和安全栏杆。

④ 要求高处作业区域应与外电架空线路保持足够的安全防护距离，安全防护距离应符合《高处作业安全规程》（Q/HS 4019—2010）要求。

⑤ 在装有标准护栏系统、无孔洞裸露、没有坠落危险的永久性或临时工作平台上栏杆防护范围内进行作业时，可不系挂安全带。

⑥ 要求脚手架搭设作业人员和在无安全防护设施的平台上作业的人员应使用双系绳安全带，且始终保持安全带处于系挂状态，双系索不得以"钩挂钩"的形式使用。

⑦ 当高处作业中无适宜的安全带挂点时，应安装救生索作为安全带系挂点。

⑧ 救生索应为直径不小于 10 mm 的钢丝绳索，每个系挂点应至少能够承受 22295 N 的冲击力且救生索应由有起重索具使用经验的人员进行安装，经作业负责人检查合格后方可投入使用。

⑨ 安全带使用时应坚持"高挂低用、挂点就近"的原则，严禁随意对安全带系绳进行接长使用；安全带应系挂于人员上方且尽可能靠近作业位置，以防发生坠落时人体摆动与相邻结构碰撞造成伤害。

⑩ 要求安全带系挂点应能够承受 22295 N 的冲击力，应优先选用永

久性设施或已安装完成的结构作为系挂点,不得选用格栅、电缆护管、仪表管线、电缆托架、便携式梯子、未妥善固定的管线或可移动部件等。

(3)作业后

① 对作业期间产生的废弃物要及时进行分类清理。

② 作业申请人在作业结束后,向作业负责人报告作业完成情况,经专业监督审查合格后关闭高处作业许可证,保障现场的安全状态。

12. 试压作业在作业、监护和管控中,有哪些关键要点?

试压作业在作业、监护和管控中,从作业前、作业中到作业结束后的关键工作要点介绍如下。

(1)作业前

① 检查试压作业人员是否经过相关知识培训,掌握试压作业操作技能。

② 试压前要进行作业风险分析,对潜在的危害进行识别,并制订相应的控制措施。

③ 试压负责人对参与作业人员进行充分的安全技术交底,内容主要包括:

a. 试压过程技术要求及作业流程;

b. 试压介质及特性;

c. 过程存在的潜在风险;

d. 控制措施;

e. 相关责任人的职责。

④ 依照试压方案对管线、阀门、压力表、接头、盲板进行逐项检查,将不参与试压的安全阀、仪表附件等进行隔离。

⑤ 检查试压压力表是否在校验有效期内,其精度等级不得低于 1.5级,量程应为试验压力的 1.5~2.5 倍。同一试压系统内,压力表不得少于 2 块,应垂直安装在便于观察的位置。

⑥ 作业前对试压区域警示隔离,设置明显的警告标识,通过广播告知,禁止无关人员进入。

(2)作业中

① 试压过程中,受压容器、管道、设备如有异常声响、压力突降、表面油漆剥落等情况,应立即停止试压作业,待查明原因处理后方可继续作业。

② 现场作业人员配备对讲机,随时与中控保持沟通,如有异常,应及时停泵处理。

③ 水压试验中,应缓慢注水,打开顶端排空阀,确保空气完全排出后,再关闭阀门,逐渐注水加压。

④ 检漏过程中发现有泄漏,应先泄压再处理,禁止带压处理。

⑤ 稳压期间,检查受压设备和管道的法兰、盲板、压力表时,应注意人员合理的站位,禁止站在法兰、盲板的对面。

⑥ 在试压作业过程中,设专人监视压力变化情况,并做好试压作业相关记录。

(3)作业后

① 试压结束后系统泄压时,应清除泄压口周围的杂物与人员,缓慢打开泄压阀,逐段进行泄压。

② 水压试验泄压至常压后,应先打开系统最高处进气阀,以防形成负压,并不得随意排水。

③ 水压试验结束后,应及时清扫试压区域的积水,消除人员滑倒的风险。

④ 在确保各压力表指针回零,各阀门处于初始状态,申请解除隔离后,方可进行盲板及其他试压附件的拆卸。

⑤ 拆除的设备、管线、附件等材料与设备及时回收至指定地点。

13. 有毒有害、放射性作业监护和管控有哪些关键要点?

(1)有毒有害作业在作业、监护和管控中的关键要点

① 有害作业与无害作业分开,高毒作业场所与其他作业场所隔离。

② 设置有效的通风装置。可能突然泄漏大量有毒物品或者易造成急

性中毒的作业场所,设置自动报警装置和事故通风设施。

③ 高毒作业场所设置应急撤离通道和必要的泄险区。

④ 使用有毒物品作业场所应当设置黄色区域警示线、警示标识和中文警示说明。警示说明应当载明产生职业中毒危害的种类、后果、预防以及应急救治措施等内容。并设置通信报警设备。

⑤ 进行有毒有害作业时,必须采取充分的通风换气措施,并经检测分析合格,方可作业。作业过程中要不间断采样、分析,防止突发情况对人员的危害。

⑥ 对受作业环境限制而不易达到充分通风换气的场所,作业人员必须配备并使用空气呼吸器或软管面具等隔离式呼吸保护器具。严禁使用过滤式面具。

⑦ 作业期间严禁明火。发现有毒有害气体危险时,必须立即停止作业,督促作业人员迅速撤离作业现场。

⑧ 受限空间内进行有毒有害作业的单位必须配备必要的安全设备、设施。

⑨ 作业人员结束作业时,其使用的工作服、工作鞋帽等物品必须存放在高毒作业区域内,不得穿戴到非高毒作业区域。

(2)放射性作业在作业、监护和管控中的关键要点

① 施工负责人向生产作业设施负责人提交放射性、有毒有害作业方案,对作业人员进行作业方案及 QHSE(质量、健康、安全、环境)控制措施交底。

② 放射性作业在办理作业许可证时,应一点一证,严禁涂改、转借作业许可证,严禁擅自变更射线作业时间、扩大作业范围以及转移作业地点。

③ 放射性物品从容器内取出和使用前,放射性作业服务商必须报告值班监督,并通知无关人员远离作业区域。

④ 操作、安装放射源时,无关人员不得围观,不得在作业附近停留。

⑤ 放射性物品操作人员必须按规定穿戴防放射性伤害的个人防护用品,佩戴个人辐射计量卡。

⑥ 作业现场应至少配备 1 台便携式放射性强度测量仪，对作业过程和作业后进行检测。

⑦ 作业人员应严格按照操作规程进行放射性作业。放射性物品上方禁止吊装作业。

14. 信号旁通流程是什么？在旁通和恢复过程中有何注意事项？

(1) 开具信号旁通单

了解涉及信号旁通的工作内容，包括信号旁通的类型，组织相关专业人员分析信号旁通后存在的风险。对所要旁通的信号/开关逐一列出，并签字，区域负责人协助仪表人员完成"需要旁通的仪表控制系统清单"的填写。

信号旁通原因及安全措施和应急方案：在中心平台由仪表师负责组织相关专业人员制定信号旁通期间的安全措施和应急方案并将相关内容填写在许可证"旁通审核及附加措施"栏内（内容较多可用附加页）。在井口平台可由平台长组织电气仪表工协助填写"旁通审核及附加措施"内容，由仪表师负责确认旁通信号的准确性和合理性并签字确认。

信号旁通申请单的审核、批准：由仪表师确认申请单"工作描述"的起始时间和终止时间合理性，仪表师可以授权平台长确认。由旁通负责人及安全监督对以上内容进行审核签字。如涉及多个专业，由各专业监督分别审核签字。

临时和短期旁通申请单由总监进行批准；中期和长期旁通申请单由陆地仪表主管和生产作业部经理审核，作业公司总经理最终审批。平台作业涉及临时旁通，经评估风险完全可以接受，可以授权平台长审核签发。

(2) 执行信号旁通单

信号旁通审核和批准后，中控操作人员对旁通信号进行信号旁通，并填写信号旁通登记表,确认是否存在交叉信号。

多项作业同时涉及同一信号旁通,旁通执行人负责在每项作业的信号旁通单具体标注操作要求,防止因信号功能恢复致使不良后果。完成以上信号旁通后,在许可证"批准"的旁通执行人一栏中双签(一人执行,一人确认)。加强信号旁通区域的巡检,对发生在旁通区域内的报警信号进行触发源确认,确定是否由涉及信号旁通的作业引发。

(3)关闭信号旁通单

在旁通和恢复过程中的注意事项:在相应的作业完成后,应将信号系统恢复正常,取消信号旁通。由执行人取消信号旁通并确保旁通单上的旁通信号与所取消的旁通信号的一致性,注明关闭时间并签字(执行人员为两人双签)。

多项作业同时涉及同一信号旁通,旁通执行人确认所有旁通申请单都已要求关闭,方可操作该项作业。

紧急情况下的信号旁通操作:在紧急情况下,总监可以直接口头通知中控操作员和仪表师进行信号旁通或取消信号旁通。在信号操作完成后,由仪表师根据具体情况及时填写一份信号旁通申请单,并在许可证"旁通原因"一栏中填写旁通原因并注明紧急旁通,由总监和操作执行人员进行签字。对于井口平台,总监可口头通知平台长组织实施。

15. 硫化氢可能在生产系统的哪些环节产生?如何判断和应对?

(1)硫化氢可能在生产系统中产生的环节

① SRB(硫酸盐还原菌)生成硫化氢:海管、生产分离器、闭排、开排、斜板除油器、气浮、核桃壳、生产水缓冲罐、注水缓冲罐、喇叭口到泥浆池等封闭容器。

② 原生硫化氢(地层自带硫化氢):采油树油管、套管并在生产流程容器内富集。

（2）判断和应对的方法

① 如果细菌培养中发现 SRB 细菌数量超标，井口油管、套管的产气未检测到硫化氢，可以判断是由生产流程中 SRB 细菌超标产生的硫化氢。应对方法：加注杀菌剂杀灭流程中的细菌，抑制细菌生长，就可以有效减少硫化氢产生。

② 井口油管、套管发现硫化氢，生产流程中细菌培养未发现 SRB 细菌超标，可以判断是由地层自带硫化氢，生产流程中的硫化氢由采出液气体富集产生。应对方法：在产生硫化氢的单井或生产管汇中加注硫化氢抑制剂或脱硫剂，降低采出液硫化氢浓度，减少在流程设备中富集现象。

③ 在生产过程中发生硫化氢泄漏的应对措施：加强防硫化氢应急演练，如佩戴正压式空气呼吸器；由上风向进入泄漏区域，喷洒水雾吸收硫化氢等；日常在硫化氢泄漏的风险点（井口区域、密封容器、带压设备等区域）配备正压式空气呼吸器或应急呼吸器等。

16. 探头多选一原理与规则是什么？日常操作注意事项有哪些？

（1）探头多选一原理与规则

FD，任意一个报警，则发出报警，打印记录事件；两个 FD 同时报警，则除了报警和记录事件外，状态灯变红色，发出声音报警，产生相应的关断。

HD，单个探头发出报警即可触发关断。

GD，单个探头达到 20%，则发出报警，打印记录事件；两个探头达到 20%，则发出声音报警，同时状态灯变黄色；单个探头达到 50%，则发出声音报警，同时状态灯变黄色，单个可燃气体探头报警灯激活；两个探头同时达到 50% 以上，则除了上述结果外，发生关断。

SD，任意一个报警，则发出报警，打印记录事件；两个 SD 同时报警，则除了报警和记录事件外，状态灯变红色，发出声音报警，产生相应的关断。

（2）注意事项

① 旁通火气探头时，一个火区中存在故障探头，应先旁通故障探头，

后旁通正常状态探头；

② 进行信号旁通操作时,一定确认一个火区内所有探头全部处于旁通状态；

③ 对信号旁通进行恢复时,一定要确认现场热工作业是否结束,再进行恢复旁通操作；

④ 恶劣天气进行信号一键旁通时,需要对照恶劣天气旁通表格,仔细核对避免遗漏。

17. 常用灭火器的种类、原理和特点是什么？

灭火器按所充装的灭火剂通常分为水基型灭火器、泡沫型灭火器、干粉灭火器、气体灭火器。

(1)水基型灭火器

水基型灭火器,其主要成分为表面活性剂等物质和处理过的纯净水混合而成的灭火剂,通常以液态存在。水基型灭火器在喷射时呈水雾状,可以瞬间蒸发火场大量的热量,迅速降低火场温度,抑制热辐射,表面活性剂会在可燃物表面迅速形成一层水膜,隔离氧气,造成真空环境,降温的同时参与灭火,在化学和物理上产生双重作用,从而达到快速灭火的目的。

(2)泡沫型灭火器

泡沫型灭火器,在使用时能够喷射出大量二氧化碳及泡沫,它们能够黏附在可燃物上,使可燃物与空气隔绝,同时降低温度,破坏燃烧条件,达到灭火效果。泡沫型灭火器分为化学泡沫灭火器和空气泡沫灭火器,通常分为手提式和推车式两种形式。化学泡沫灭火器顾名思义就是由化学成分组成的泡沫灭火剂,空气泡沫灭火器基本上与化学泡沫灭火器相同,但是空气泡沫灭火器还能扑救水溶性易燃、可燃液体的火灾,如醇、醚酮等溶剂燃烧的初起火灾。泡沫型灭火器不能用于扑灭带电设备(如电器、服务器、发电站等)火灾,否则会严重破坏电子设备,造成短路,威胁到人身安全。

(3)干粉灭火器

干粉灭火器较为常见,平时我们看到消防柜里放置的手提式灭火器,大多为干粉灭火器。干粉灭火器具有易流动、干燥等特点,内装有磷酸铵盐等微小粉状物,可以有效扑救火灾,在面对初起火灾时效果尤为显著。干粉灭火器分为两种,一种为普通干粉,应用广泛,价格便宜,还有一种为超细干粉,灭火速度快,但是价格较普通干粉更为昂贵。超细干粉的颗粒大小是普通干粉的几十分之一甚至是百分之一,同时由于粉粒更小,运用的方法也更多,衍生出悬挂式、柜式、管网式等运用形式。在灭火性能上,是普通干粉的 10 倍之多,甚至远超气体灭火器中的二氧化碳灭火器,比七氟丙烷甚至更胜一筹。但是干粉灭火器统一的缺点就是,在喷发完后会留下大量残留物,清理起来比较麻烦,同时人员吸入会对身体产生严重影响。所以一般干粉灭火器都运用在人少或无人的地方。

(4)气体灭火器

气体灭火器是市面上最为常见的灭火器种类,而气体灭火器通常分为两种性质:物理性质和化学性质。物理性质的灭火器通常为惰性气体灭火设备。而化学性质,则是由化学成分形成的化学气体灭火系统,代表产品为七氟丙烷、全氟己酮、气溶胶、二氧化碳等。

气体灭火器通常的运用形式多为管网型,其次为柜式和悬挂式,而手提式运用较少。管网型一般为钢瓶组,连接管道和贮压瓶,将铺设在顶部的管道延伸至各个防护区,在遇到火灾时,通过瓶内贮压的氮气或瓶外的贮压瓶推送灭火气体至防护区;柜式则是在消防柜里放置钢瓶,从柜体上方的喷射口喷射而出,适用于中小型防护区;悬挂式为一个小型碟形灌装瓶,悬挂至防护区顶端,在遇到火灾时,根据温控或者电控的方式启动。

气体灭火拥有众多特点:无毒、无危害,洁净,无残留物,无腐蚀,不导电,灭火快等。最具代表性的就是七氟丙烷,适用范围极其广泛,包括变电间、服务器机房、博物馆、贵重设备仪器间、图书档案馆、商场等各种场所。

18. FM200 的释放方法有哪几种？有何注意事项？

(1)FM200 的释放方法

FM200 灭火系统释放方法分为自动释放、半自动释放和应急手动释放。

① 自动释放

火气系统可自动触发 FM200 释放（CCR 火气逻辑触发）。

② 半自动释放

中控火灾控制盘触发或按下相应区域的 MR。

③ 应急手动释放

a. 扳动选择阀的手柄，使选择阀开启。

b. 取出气瓶容器阀上的保险销，用力按下气启动器手柄，使容器阀密封膜片被扎破，释放出 FM200 气体。

(2)注意事项

① 无论是手动状态还是自动状态，中控控制盘上的按钮都可触发；

② 手动状态时，现场的探头触发不起作用，但 MR、MI 仍可触发；

③ 释放前，需现场确认房间门处于关闭状态，确认房间内无工作人员；

④ 房间内发生 FM200 释放声光报警时，室内人员应立即撤离并关好房间门。

19. 消防系统包括哪些关键设备？消防水喷淋系统启动的方式是什么？

(1)消防系统的流程中包括的关键设备

柴油消防泵、电动消防泵、雨喷淋系统、FM200 系统、冷放空 CO_2 系统、消防软管站、消防炮、消防管网。

① 消防水系统

消防水系统一般由消防主环网、雨喷淋系统、国际通岸接头及消防软管站等组成,为油气工艺设备区提供保护。

② FM200系统

启动方式:自动启动、控制盘手动启动和现场手动启动。

当上述3种启动方式均不能启动系统时,需要采用机械启动方式来启动系统。

③ 辅助消防系统

主要包括手提式干粉灭火器、手提式二氧化碳灭火器、车式干粉灭火器、消防水/泡沫软管站、消防水软管站、喷淋阀控制站、推车式泡沫灭火器、洗眼站、防火风闸。

(2)消防水喷淋系统的启动方式

有自动启动和手动启动两种方式。

① 自动启动

当平台上其他油气处理区域发生火灾时,现场的探头动作,并引起报警,火气盘发出指令启动喷淋阀上的电磁阀,电磁阀打开,回路内气体释放,压力降低,喷淋阀打开,同时火灾信号传至火气盘,火气盘接收到信号后,发出指令,启动平台消防泵,将消防水输送到平台消防管路。

② 手动启动

a. 从火气盘上手动启动

在火气盘上选定需要启动的喷淋阀,输出打开喷淋阀信号后,在打开喷淋阀的同时,直接从火气盘上发出信号,启动平台消防泵。

b. 从现场直接启动

操作者打开喷淋阀上手动三通阀或手动球阀,手动球阀的压力水排出,喷淋阀压力腔内压力平衡被打破,喷淋阀开启。处于消防环路内的压力水流经喷淋阀,消防环路内压力降低,当压力降到设定值后,压力变送器发出启动信号,启动平台消防泵,消防系统开始工作。

c. 消防泵启动方式

中控的火灾盘发出启动消防泵指令,电动消防泵自动启动,消防水系统开始运作。此外,消防管网压力低于设定压力时消防泵启动,如果消防管网压力仍低于设定压力,备用消防泵启动,以满足消防系统要求。

20. 出现应急情况时，中控人员如何确认、告知和处置？

(1) 发生二级关断

① PA 响起，中控火灾显示盘上 FD、GD 或 MFS 的报警确认灯亮，二级关断指示灯亮，消防泵启动信号、雨淋阀开启信号及泡沫系统释放反馈信号灯亮，火气报警蜂鸣响起，现场状态灯亮。中控操作人员发现后要立即启动二级关断应急程序。

② 中控操作人员首先用广播通知全平台："大家请注意，这不是演习，请没有应急职责的人员到指定的地点集合。"

③ 中控操作人员配合仪表人员查找关断原因并全平台广播："大家请注意，这不是演习，×××处出现火灾报警，请没有应急职责的人员到指定的地点集合。"并用对讲机或者电话逐个通知上下游平台："平台发生生产二级关断，请启动上下游平台二级关断程序。"（如果上游平台未关断，提醒其手动触发关断）

④ 中控操作人员确认是否掉主电，如果掉主电通知设施人员确认应急机是否已经正常启动，并通知相关人员进行应急机合闸送电，恢复应急环境。

(2) 发生三级关断

① 中控室应急操作盘"ESD 报警蜂鸣"发出高音连续报警，"生产关断报警"提示灯亮起，操作站界面出现报警提示。

② 中控操作广播通知平台："请注意，平台发生三级关断，请启动上下游平台三级关断应急程序，请相关人员做好准备。"然后在应急操作盘上按下"ESD 报警确认"消音。

21. 人员落水后，现场发现人员该如何采取行动？

现场发现人员落水后应采取如下行动：

① 立即使用对讲机向中控汇报"有人落水"，直至得到中控人员回复

并启动应急警报。

② 在就近水域上风向抛放救生圈或释放救生筏,注意不要打到落水人员。

③ 持续观察落水人员,除非有别的突发情况不要离开或停止观察落水人员情况,保持落水人员在自己的视线观察范围。

④ 立即向中控室、安全监督汇报人员落水位置、落水人员数量、落水人员姓名(如知道)、漂浮方向。

⑤ 现场发现人员的视线始终注视落水人员。

⑥ 待应急人员到达现场后,告知其相关信息,自己随后执行自身应急职责。

22. 火灾或气体泄漏后如何隔离?如何最大程度降低应急难度?

(1)现场出现火灾或气体泄漏后生产人员应该采取的行动

① 对于电气设备火灾或气体泄漏区域存在运转设备,及时通知电气部门对设备进行断电,对电能进行隔离。

② 发现非流程设备管线出现的火灾时,及时通知中控广播现场热工作业停止,并对周围存在的气瓶转移至安全区域,清除范围内存在的可燃物易燃物,隔离火灾区域并使用合适的灭火设备进行灭火。

③ 对于流程设备发生火灾时,隔离阀门处于热辐射伤害范围外可立即关闭,若存在热辐射伤害,应佩戴消防设备对阀门进行隔离。

④ 对于流程设备发生气体泄漏时,若隔离阀门处于气体泄漏点上风向,对身体静电进行释放后,可直接关闭阀门对泄漏点进行隔离;隔离阀门处于泄漏点下风向时,应穿戴自给式呼吸器并对静电进行充分释放后可进入气体泄漏区域对泄漏点进行隔离。

⑤ 当发现现场火灾或气体泄漏现场无法控制时,应立即通知中控触发二级关断,关停所有流程,并持续使用消防水或灭火器对现场火势进行控制、对气体进行稀释,直至消防队到达。

(2)现场出现火灾或气体泄漏后应采取的应急措施

① 及时通知中控,手动触发关断,避免出现火灾或气体泄漏进一步扩大。

② 对于出现的初期火灾,应根据火灾类型选择合适的灭火器对火势进行控制。

③ 对于气体泄漏,应立即消除附近所有可能的点火源,启动消防水、雨喷淋系统对气体泄漏区域进行覆盖。

④ 及时关闭平台电气房间进风机与风闸,降低可燃气进入电气房间的可能性。

23. 平台撤离前,生产人员要做哪些应急前准备工作?

① 准备撤离前文件,提前准备《停产撤离阀门隔离清单》《停产撤离停产信号旁通清单》《停产停井顺序表》《仪控阀门开度设定及 PID 设定值备案》《停产撤离油井及流程运行参数备案》;

② 将开排罐、闭排罐、火炬分液罐转液至低液位,并对滤网进行清洗;

③ 对平台所有地漏进行封堵,关闭非危险区地漏进开排阀门;

④ 按照制定的停井顺序表对管理中心油井进行逐步关停,优先关停低含水油井,保留部分高含水油井对海管及生产分离器进行置换;

⑤ 停井过程中调整流程脱水,逐步关停各平台注水泵及增压泵,控制生产水缓冲罐、注水缓冲罐液位满足外输海管置换要求,直至所有注水关停并对注水海管进行泄压隔离封存;

⑥ 水系统停运后对水系统各设备进行泄压,对进出口进行挂锁隔离,关停化学药剂注入系统,对电气设备进行断电;

⑦ 对燃气系统进行泄压,各设备进行挂锁隔离;

⑧ 所有油井关停后对生产分离器进行泄压、挂锁隔离进出口,上游混输海管进行泄压、挂锁隔离封存;

⑨ 启动注水增压泵对外输海管进行置换,置换完成后对外输海管进行泄压、挂锁隔离封存;

⑩ 所有油水井关停后,对于含水低的油井正挤柴油,随后关闭所有油

水井井上、井下安全阀,手动关闭采油树所有阀门,完成所有油水井隔离,对生产计量管汇、注水管汇阀门进行挂锁隔离;

⑪ 中控检查所有 SDV 处于关闭状态,将所有 PV、LV 调节阀切换至手动关闭状态;

⑫ 现场各岗加强现场巡检,记录各罐压力、液位等参数,确保无异常上涨情况。

24. 中控人员在出现流程应急时有哪些处理原则和注意事项?

(1)处理原则

① 保证产水量与注水量平衡,保持外输量不变;

② 本着尽可能减少产量损失,控制流程运行稳定,不发生更高级别的关断原则;

③ 本着"安全第一、环保至上",不发生溢油环保事件、人员安全事故的原则,必要时手动触发三级关断。

(2)注意事项

① 发生流程应急情况,及时通知下游液量即将发生变化,做好流程调整准备;

② 中控人员需要保持冷静,分析发生流程应急原因,告知现场人员处置方法,消除应急情况;

③ 中控人员需要熟练掌握流程各关断信号所处界面,根据应急工况需求,及时旁通相关低低信号,避免发生连锁关停;

④ 液量增加或减少时,及时调整流程关键节点,调节阀上下限值,避免未及时调整造成罐液位过高或过低。

25. 应急时上下游沟通方式有哪些? 沟通中有哪些注意事项?

(1)应急时上下游的沟通方式

应急时上下游的沟通方式主要有油田内部对讲机、高频对讲机、IP 电话、内线电话、平台广播。

(2)应急沟通中注意事项

① 应急沟通时,无论使用何种沟通方式,应保证语言简明扼要,传递重要信息,告知对方具体情况,避免长时间占用对讲机频道或电话;

② 在发现某一沟通方式失效时应及时更换其他方式进行沟通,避免由于沟通不畅造成应急失败,引发关断或安全环保事故;

③ 应急沟通时应秉承实事求是的原则,告知对方实际情况,严禁出现瞒报谎报的情况,避免因为传递信息错误而造成流程处理不当;

④ 使用对讲机沟通时,应避免出现抢夺沟通频道的情况。

26. 生产应急中现场各岗位如何跑位?有哪些注意事项?

(1)生产应急中现场各岗位的跑位

生产领班:生产应急期间配合中控值守,与上下游平台联系,查找异常原因,制订应急措施;负责对油井进行降频、提频、停井等操作;配合生产水岗进行生产水增压泵、注水增压泵、注水泵启动准备工作。

生产水岗:生产应急期间主要负责注水泵的调节,生产水增压泵、注水增压泵、注水泵启动准备工作,化学药剂注入量及化学药剂泵调整,气浮入口阀门开关,斜板水质观察,观察生产水缓冲罐、注水缓冲罐液位。

油井岗:生产应急期间主要负责注水管汇处阀门的开关,将计量油井倒出计量流程,工作甲板注水井水嘴的调节,油水井井上、井下安全阀的开启或者关闭,启停开排泵,观察开排罐、污油池、防污染槽的液位。

原油岗:生产应急期间主要负责生产分离器水质观察及油相液位调节阀旁通的调节,启停闭排泵、火炬分液泵、污油泵,观察闭排罐、火炬分液罐、污油罐的液位,启停燃气电加热器,负责闭排泵、开排泵的启停,观察闭排罐、开排罐的液位,配合注水泵、注水增压泵启动准备工作。

(2)注意事项

① 各岗位必须清晰明确相关的应急职责,避免应急职责不清楚造成

的时间延误;

② 各岗位在跑位过程中必须注意自身安全,急而不慌,忙而不乱,避免慌乱造成人员摔伤、磕碰等生产安全事故;

③ 操作阀门或者设备必须准确,动作必须精确,防止在应急过程中造成二次伤害。

27. 生产人员夜班巡检电气房间有哪些关注要点和注意事项?

① MCC(电动机控制中心)、高压配电间、油井变频器间:检查房间温度是否正常,检查房间的通风系统、空调系统运转情况,空调排水正常,房间内无积水,确认空调温度,设备是否存在温度异常,有无异味,设备是否存在报警及异响。

② 主变压器间、单井变压器间:检查房间通风系统运行状况,雨雪大雾天气易引起房间进风机吸入大量水汽,造成电气房间地面积水,需要及时对风机进行调整,检查房间温度是否高于正常室温,房间内有无异味。

③ 电池间:检查电池是否有电池液泄漏情况,检查房间的通风系统,检查房间温度,有无异味。

28. 井下作业中生产配合有哪些具体工作? 有何注意事项?

(1)动管柱作业

① 循环洗井时需要确认流程,使用生产水时缓慢调整水量,与中控进行沟通,防止用水过多造成注水管网波动;

② 使用柴油洗井时,检查压井泵流程;

③ 开始作业前关闭采油树井上安全阀、生产翼阀、套管翼阀、服务生产翼阀和服务套管翼阀并做好隔离,生产、计量管汇做好隔离锁定;

④ 拆采油树前需要油套环空泄压,注意人员站位,缓慢泄压,对相关区域可燃气探头信号进行旁通。

(2)不动管柱作业

① 注水井作业时需要配合调整注水管网,缓慢调整注水,防止造成注水波动;

② 配合检查采油树流程、安全阀状态;

③ 加强现场巡检,防止跑冒滴漏。

29. 何为黑启动？黑启动对生产系统有何影响和如何应对？

(1)黑启动概念

电力系统黑启动是指整个系统因故障停运后,不依赖别的网络的帮助,通过系统中具有自启动能力的机组的启动,带动无自启动能力的机组,逐步扩大电力系统的恢复范围,最终实现整个电力系统的恢复。

(2)黑启动的原因

① 二级及以上关断;

② MCC 火气动作导致各断路器 ESD 动作,全部分闸,造成全平台失电,组网解列;

③ 新高压开关间火气动作后,变压器上下口断路器 ESD 动作,断路器分闸,全平台失电。

(3)黑启动对生产系统的影响

① 中控操作站失电,PID 调节参数异常缺失,中控系统紊乱;

② 现场电磁阀失电,阀门动作不到位,未全开或者全关,造成流程液位异常,甚至满罐泄漏。

(4)应对措施

① 中控岗位定期对中控操作站 PID 调节参数进行备份储存,恢复生产系统前,逐个对参数进行核对,确认无误后进行下一步恢复;

② 平台失电后,现场各岗位逐个检查关断阀门是否按照逻辑动作到位,密切关注各生产设备液位,确认液位无异常上涨或下降,关注跑冒滴漏及海面情况。

30. 配电系统常见故障有哪些？对生产有何影响？如何应对？

配电盘分为中压盘、低压盘、应急盘、正常/应急照明和伴热盘。

(1)配电盘出现故障后对生产系统的影响及其应对

① 中压盘故障失电造成平台三级关断，生产部门按照三级关断应急程序执行。

② 低压盘空调、风机故障断电后，会造成重要房间通风系统停运，房间温度升高，容易引起设备报故障，加强相关设备房间巡检。

③ 低压盘主要给油井、生产系统设备、空压机系统供电，若出现故障断电后，造成部分油井关停，生产流程波动，现场做好应急准备，调整流程，做好随时恢复油井准备。空压机关停，造成现场调节阀、安全阀失效，影响正常生产，有关断风险，现场做好启动空压机的准备。

④ 低压盘通过应急盘连接，给应急段送电。通过应急盘供电的生产设备有闭排泵及罐加热器、开排泵及罐加热器。闭排罐液位升高有冒罐或触发关断的风险，现场准备启动备用闭排泵；开排罐液位上涨较快，有冒罐风险，现场准备好启用备用泵。

⑤ 应急盘通过抽拉式抽屉给 UPS 供电，并连接电池组，UPS 系统在网电正常状态下，通过整流逆变回路、静态旁路 SBS 或维修旁路（或在电网失电状态下，由电瓶组提供 DC 240 V 电源通过逆变回路），给中/低压盘、应急盘等控制回路，DCS 操作站，高频通信，导航盘等提供不间断电源。应急盘故障，无法为 UPS 供电，DCS 操作站、高频通信、导航盘等缺少不间断电源，应急工况下中控操作站无法使用，影响生产流程稳定。

(2)失电后正常/应急照明和伴热盘的应对

① 失电后现场无照明，视线不清，影响生产人员日常工作，造成人员受伤，现场使用手电等设备进行照明。

② 伴热盘失电后，导致现场设备管线仪表温度过低，冬天会造成设备结冰堵塞，影响流程稳定，加强关键节点巡检，可临时使用保温棉被，防止结冰。

31. 油嘴在自喷井生产中起什么作用？如何正确合理选择油嘴开度？

(1)油嘴的作用

油嘴控制生产压差、调节产量、合理利用天然能量,起到稳定生产的作用。

(2)如何合理选择油嘴开度

选择合理油嘴开度是通过系统试井,选择三个以上不同油嘴开度,进行稳定试井,取得不同工作制度下的静压、流压、日产量、气量、油套压、气油比、含水、含砂等动态资料。通过对比分析,最后选择采油指数高、生产稳定、能量消耗小的油嘴开度作为合理开度,进行长期试采。

二、生产作业常识

32. 管线水压试验步骤是什么？有哪些关键要点？

(1)管线水压试验的步骤

① 试压前,确保 NDT(无损探伤)完成,合格报告已出。

② 该拆除的设施已经拆除,该阻断的部位已经阻断,支架安装完成,合格报告已出。

③ 管线吹扫已经完成。

④ 布置和检查试压现场的安全防护措施。

⑤ 高点排气口打开。

⑥ 所有的盲板和阀门都在正确位置。

⑦ 所有的控制阀应该移除或隔离。

⑧ 所有爆破片已经拆除或用盲板替代。

⑨ 泵的出口、成撬设备及其他旋转的设备已被隔离或用盲板封好。

⑩ 水压试验要从系统的最低点注入,避免发生水冲现象,同时打开所有的排气口。完全排出试压管道系统内的气体后,关闭高点排气口。为达到目的,所有试压环路都应具备高点排气口和低点排放口。

⑪ 在打压过程中压力应均匀上升。当压力第一次上升到 170 kPaG 时,进行稳压 10 min,检查试压系统中有否泄漏、变形及其他问题。若发现问题,则应该做好标识和记录,待泄压后整改修复。在增压和泄压过程中,压力的增减应逐步进行,以确保管线能承受相应的压力。

⑫ 当管道系统压力接近试验压力时,应仔细检查系统有否泄漏及其他明显的问题。

⑬ 当压力达到试验压力后,至少稳压 30 min。

⑭ 在试压中任何缺陷及外观检查时发现的裂缝都应作好标记。当压力降至 0 kPa 时开始记录和进行修复,然后重新试压至结果达到压力要求为止。

⑮ 管线修复时必须保持修复位置管线干燥,禁止管线带压修复。

⑯ 试压完成后,要从试压包的放空口缓慢泄压。泄压完成后打开全部高点排气口和低点排放口,将管道内水排净,并用高压空气将管内水分吹干。

⑰ 试压完成后,所有试压用的配件都应从管线系统中移开,包括控制阀,节流板,膨胀节,其他设备、仪器、短管等在试压中需移开的配件,配上新垫片重新装回原位。

⑱ 试压完成后,如果管线系统需要修改,要对修改部分按照原来的试验压力重新试压。

(2)关键要点

① 水压试验要保证液体温度或环境温度不得小于 5 ℃。

② 水压试验的试验压力为设计压力的 1.25 倍。管线压力试验的压力、时间和介质等严格遵循经批准后的管线试压图进行。

③ 不锈钢管道和设备只能用淡水来试压。

④ 对其他材料试验流体应是淡水,用防锈油处理易腐蚀的位置,水压试验所用水的温度至少为 7 ℃。

⑤ 开排管线、灭火系统和消音器等设施的放空管线不用试压。

⑥ 泵、压缩机及旋转设备排除在水压试验之外。

⑦ 过滤器、阻火器、管线上的仪表、安全阀、控制阀、腐蚀挂片、探头等应在水压试验中拆除或隔离。

⑧ 所有焊缝、螺纹和法兰都要参加试验,在水压试验前需要热处理的管线要完成处理工作。

⑨ 按照设计方提供的试压流程图对系统进行检查,对不允许参与试压的仪表控制阀、压力类仪表、流量计、安全阀等进行隔离或拆除。

⑩ 压力试验时,所有的普通阀门应该在全开状态,但截断阀和排放阀应该在半开状态。

⑪ 单向阀的阀片在压力试验中应该被拆除或者将阀瓣抬起。

⑫ 阀门可以用来隔离水压试压的管道,但水压试验的压力必须小于阀门的最大压力。

⑬ 水压试验中不得进行试压管线的焊接工作。

⑭ 试压过程中拆除的管件或仪表以及试压后完成的管线应该充分做好防护,避免杂物进入管道内部。

⑮ 试验中最少有 2 个压力表,一个在最高点,一个在最低点,量程为

试验压力的 1.5～2 倍,压力表应该在有效的校验日期内。

⑯ 试验过程中如遇泄漏,不得带压修补。

⑰ 每个系统试压完成后保留试压记录,试压记录原件应保存在项目质量文件中。

⑱ 试压记录包含试压日期、管线系统号、管段图号、设计压力和温度、操作压力和温度、试验压力和持续时间、试验介质、试验结果、检验者。

⑲ 在进行压力试验时,应划定禁区,悬挂警戒标志,无关人员不得进入,高处检查点的架设、跳板必须牢固,在平台及管线外侧检查时必须系安全带,施工时安全检查人员必须坚持安全巡回检查制度,及时消除施工中存在的安全隐患。

⑳ 冲洗、试压所用的介质在施工完毕后必须妥善排放,不得污染环境。

33. 管线气密试验步骤是什么？有哪些关键要点？

(1)管线气密试验的步骤

① 受压容器需经水压试验合格后进行,气压试验合格后是否做气密试验按图样规定执行。试验前安全附件应装配齐全,试验压力为操作压力的 1.1 倍或按图样规定。

② 试验时,应缓慢升压至试验压力,保压 30 min,对所有焊缝及连接部位进行检查。如有泄漏,应将压力降至零,再进行处理。查明原因,消除隐患后再继续重新进行试验。

③ 合格要求:无泄漏为合格。

(2)气密试验的关键要点

① 气密试验应在液压试验合格后进行。

② 碳素钢和低合金钢制成的压力容器,其试验用气体的温度应不低于 5 ℃,其他材料制成的压力容器按设计图样规定。

③ 气密试验所用气体,应为干燥、清洁的空气、氮气或其他惰性气体。

④ 进行气密试验时,安全附件应安装齐全。

⑤ 试验时压力应缓慢上升,达到规定试验压力后保压不少于 30 min,

然后降至设计压力,对所有焊缝和连接部位涂刷肥皂水进行检查,以无泄漏为合格。如有泄漏,修补后重新进行液压试验和气密试验。

34. 不同焊接方式的特点是什么？作业监控中有哪些要点？

(1)不同焊接方式的特点

焊接通常是指金属的焊接。是通过加热或加压,或两者同时并用,使两个分离的物体产生原子间结合力而连接成一体的成形方法。

分类:根据焊接过程中加热程度和工艺特点的不同,焊接方法可以分为三大类。

① 熔焊:将工件焊接处局部加热到熔化状态,形成熔池(通常还加入填充金属),冷却结晶后形成焊缝,被焊工件结合为不可分离的整体。常见的熔焊方法有气焊、电弧焊、电渣焊、等离子弧焊、电子束焊、激光焊等。

② 压焊:在焊接过程中无论加热与否,均需要加压的焊接方法。常见的压焊有电阻焊、摩擦焊、冷压焊、扩散焊、爆炸焊等。

③ 钎焊:采用熔点低于被焊金属的钎料(填充金属)熔化之后,填充接头间隙,并与被焊金属相互扩散实现连接。钎焊过程中被焊工件不熔化,且一般没有塑性变形。

(2)作业监控中的要点

① 焊接切割作业时,将作业环境 5 m 范围内所有易燃易爆物品清理干净,应注意检查作业环境的地漏内有无可燃液体和可燃气体,并提前进行封堵,以免由于焊渣、金属火星引起灾害事故。

② 高空焊接切割时,禁止乱扔焊条头,对焊接切割作业下方应进行隔离,作业完毕应做到认真细致的检查,确认无火灾隐患后方可离开现场。

③ 应使用符合国家有关标准、规程要求的气瓶,在气瓶的储存、运输、使用等环节应严格遵守安全操作规程。

④ 对输送可燃气体和助燃气体的管道应按规定安装、使用和管理,对操作人员和检查人员应进行专门的安全技术培训。

⑤ 焊补燃料容器和管道时,应结合实际情况确定焊补方法。实施置

换法时,置换应彻底,工作中应严格控制可燃物质的含量。实施带压不置换法时,应按要求保持一定的电压。工作中应严格控制其含氧量。要加强检测,注意监护,要有安全组织措施。

35. 容器清罐作业中,生产部门需要做哪些配合工作?

① 广播通知平台所有人员禁止向容器倾倒任何液体(注意天气变化)。

② 将容器内液体通过泵转出,直到低液位。

③ 通知电气人员对容器内存在的带电设备进行电气隔离。

④ 关闭容器入口总管,如有阀门内漏可用盲板隔离。

⑤ 使用防爆工具,松开人孔盖螺丝,戴上呼吸器缓慢打开人孔盖后用气体探测仪测气体含量和浓度是否达标,没有发现任何异常后,完全打开人孔盖。

⑥ 使用鼓风机从孔盖进行强制通风 24 h。

⑦ 使用气动隔膜泵将容器内残余液体抽取到废液罐中(入口前一定要加滤网过滤杂物),待罐内差不多只剩下底部污泥时,停泵开始清理污泥作业。清理污泥前,全方位测得无有毒有害和易燃易爆气体后,方可进罐;清理人员确保戴好个人防护装备(PPE),如防尘面罩、防毒面具、胶皮手套(其他手套很容易被污泥浸透);把污泥清理到事前准备好的空污油罐,最后并用抹布清理干净;在此期间,人员站在罐外操作,并有专人监护;最后用生产水进行冲洗,把罐内清理不到的杂物和水充分混合,用气泵抽放至污油池;清理完后确认罐内有无遗漏工具,然后关闭人孔盖并上紧,导通开排罐顶部八字盲板入口。

36. 常见腐蚀类型和特点是什么?主要影响因素有哪些?腐蚀检测有哪些手段?

(1)生产系统常见腐蚀的类型和特点

① 化学腐蚀:金属与周围介质直接发生化学反应而引起的破坏称为

化学腐蚀。主要是指金属在干燥气体中的氧化及在非电解质中的腐蚀。例如金属在高温下的氧化,在无水酒精、苯类、石油产品等介质中的腐蚀均为化学腐蚀。

② 电化学腐蚀:金属与周围介质发生电化学作用而引起的破坏称为电化学腐蚀。腐蚀的进行有自由电子参加,在金属的表面有电流从一个区域流到另一个区域。例如,金属在各种酸类、碱类、盐类溶液中的腐蚀,在土壤中的腐蚀,在大气及海水中的腐蚀,都是电化学腐蚀。

(2)主要影响因素

① 金属材料的影响

a. 金属的化学稳定性;

b. 金属成分(单相合金、两相合金或多相合金)的影响;

c. 金属表面状态的影响;

d. 金相组织与热处理的影响;

e. 变形和应力的影响。

② 环境的影响

a. 介质酸碱性对腐蚀的影响。

b. 介质的成分及浓度的影响,不同成分和浓度的介质对金属腐蚀有不同的影响。

c. 介质的温度、压力对腐蚀的影响。

d. 介质流动速度对腐蚀的影响,在多数情况下,流速越高,腐蚀越大。

e. 电偶的影响。

f. 环境的细节和可能变化的影响,如浓硫酸用碳钢作槽子,耐腐蚀性尚好,但当酸液排空,槽壁上的酸液会吸附大气中的水分而稀释,因而引起严重的腐蚀,因此,应让槽子总是充满酸液。

g. CO_2 和 H_2S 不同的分压级别对腐蚀的影响,CO_2 腐蚀的产生是由于 CO_2 融于液相产生的 H_2CO_3 与铁表面发生反应的结果。也就是说,不是直接与气态 CO_2 发生反应。平衡状态下,液相中 CO_2 的浓度直接与气体中 CO_2 的分压有关。因此,对于 CO_2 腐蚀,其腐蚀速率的估计是建立

在气相中 CO_2 的分压下的。

(3)检测手段

① 现场检测分为挂片法、电阻电极法、线性极化法、超声波测厚法、水中溶解性气体测量、总铁测量。

② 实验室分析分为水样分析、油样分析、气样分析、细菌培养法、物理测试、工况模拟试验。

37. 管线的探伤有哪些方法？其特点和原理是什么？

管线探伤是指探测金属材料或部件内部的裂纹或缺陷,检查表面裂纹、起皮、拉线、划痕、凹坑、凸起、斑点、腐蚀等缺陷,未焊透及焊漏等焊接质量,检查产品内腔残余内屑、外来物等多余物。

常用的探伤方法有 X 射线探伤、超声波探伤、磁粉探伤、渗透探伤、涡流探伤、γ 射线探伤等。

(1)X 射线探伤

原理:X 射线是一种波长很短的电磁波,波长为 $10^{-6} \sim 10^{-9}$ cm。X 射线影像形成的基本原理是基于 X 射线的特性和零件的致密度与厚度的差异。

特点:①穿透性。X 射线能穿透一般可见光所不能透过的物质。其穿透能力的强弱,与 X 射线的波长以及被穿透物质的密度和厚度有关。X 射线波长愈短,穿透力就愈大;被测物质密度愈低,厚度愈薄,则 X 射线愈易穿透。在实际工作中,通过球管的电压(kV)的大小来确定 X 射线的穿透性(即 X 射线的质),而以单位时间内通过 X 射线的电流（mA)与时间的乘积代表 X 射线的量。②电离作用。X 射线或其他射线(例如 γ 射线)通过物质被吸收时,可使组成物质的分子分解成为正负离子,称为电离作用,离子的多少和物质吸收的 X 射线量成正比。通过空气或其他物质产生电离作用,利用仪表测量电离的程度就可以计算 X 射线的量。检测设备正是由此来实现对零件探伤检测的。X 射线还有其他作用,如感光、荧光作用等。

(2)超声波探伤

原理:超声波探伤是利用超声能透入金属材料的深处,并由一截面进入另一截面时,在界面边缘发生反射的特点来检查零件缺陷的一种方法。当超声波束自零件表面由探头通至金属内部,遇到缺陷与零件底面时就分别发生反射波来,在荧光屏上形成脉冲波形,根据这些脉冲波形来判断缺陷位置和大小。

特点:超声波探伤比 X 射线探伤具有较高的探伤灵敏度、周期短、成本低、灵活方便、效率高、对人体无害等优点;缺点是对工作表面要求平滑、要求富有经验的检验人员才能辨别缺陷种类、对缺陷没有直观性。超声波探伤适合于厚度较大的零件检验。

(3)磁粉探伤

原理:磁粉探伤是用来检测铁磁性材料表面和近表面缺陷的一种检测方法。当工件磁化时,若工件表面或近表面有缺陷存在,由于缺陷处的磁阻增大而产生漏磁,形成局部磁场,磁粉便在此处显示缺陷的形状和位置,从而判断缺陷的存在。

特点:磁粉探伤设备简单、操作容易、检验迅速、具有较高的探伤灵敏度,可用来发现铁磁材料镍、钴及其合金、碳素钢及某些合金钢的表面或近表面的缺陷;它适于薄壁件或焊缝表面裂纹的检验,也能显露出一定深度和大小的未焊透缺陷;但难于发现气孔、夹渣及隐藏在焊缝深处的缺陷。

(4)着色(渗透)探伤

原理:着色(渗透)探伤是利用毛细现象使渗透液渗入缺陷,经清洗使表面渗透液去除,而缺陷中的渗透液残留,再利用显像剂的毛细管作用吸附出缺陷中残留渗透液而达到检验缺陷的目的。

特点:着色(渗透)探伤分为干粉法和湿粉法两种。干粉法检验对近表面缺陷的检出能力高,特别适于大面积或野外探伤;湿粉法检验对表面细小缺陷检出能力高,特别适于不规则形状的小型零件的批量探伤。不过,应在缺陷的延长方向或可疑部位作补充射线探伤。补充检查后对焊缝质量仍然有怀疑应对该焊缝全部探伤。

(5)涡流探伤

原理:涡流探伤(ET)是利用电磁感应原理,检测导电构件表面和近表面缺陷的一种探伤方法。其原理是用激磁线圈使导电构件内产生涡电流,借助探测线圈测定涡电流的变化量,从而获得构件缺陷的有关信息。

特点:涡流探伤适用于导电材料,包括铁磁性和非铁磁性金属材料构件的缺陷检测。由于涡流探伤,在检测时不要求线圈与构件紧密接触,也不用在线圈与构件间充满耦合剂,容易实现检验自动化。但涡流探伤仅适用于导电材料,只能检测表面或近表面层的缺陷,不便使用于形状复杂的构件。

(6)γ射线探伤

原理:γ射线探伤是利用放射源发出的γ射线具有穿透性的特性,用于检验大型铸件或管道焊接的质量,实现无损检测的目的。γ射线探伤使用的放射源多为 Ir-192 和 Co-60,γ射线穿透物质时被吸收一部分射线,如果有裂缝、伤痕,则穿透过去的射线就会变多,使得到的成像就显出了差异,因而就找到了伤缝的位置。

特点:γ射线穿透力强,在钢材检测中厚度可达 200 mm,且设备轻便,无需电源,特别适用于携带和野外作业,适用于异形物体探伤,如环形或球形物体的探伤。因为放射源的放射性活度是按照一定规律自行衰减的。与 X 射线探伤不同,不论 γ 射线探伤机是否开机,放射源总有射线射出,以致放射源需要定期更换,安全及防护问题就显得尤为重要。在进行探伤作业前,必须先将工作场所划分为控制区和监督区,在控制区边界悬挂清晰可见的"禁止进入放射性工作场所"警示标识,在监督区边界处设"当心电离辐射"警示标识,公众不得进入该区域。因为探伤用的源比较强,活度较大,受到直接照射会对人造成严重的危害,因此,必须加强辐射防护和放射源的安全管理,严防发生误照事故或放射源丢失、被盗事故。

38. 管线保温伴热方式和特点有哪些？日常检查有哪些要点？

(1)石油化工企业工艺管道伴热方式

① 内伴热管道伴热:伴热管安装在工艺管道(即主管)内部,伴热介质释放出来的热量,全部用于补充主管内介质的热损失。

② 外伴热管道伴热:伴热管安装在工艺管道外部,伴热管放出的热量,一部补充主管(即被伴热管)内介质的热损失,另一部分通过保温层散失到四周大气中。当伴热所需的传热量较大(主管温度大于 150 ℃)或主管要求有一定的温升时,需要多管伴热,或采用传热系数大的传热胶泥,填充在常规的外伴热管与主管之间,使它们形成一个连续式的热结合,这样的直接传热优于一般靠对流与辐射的传热。

③ 夹套伴热:夹套伴热管即在工艺管道的外面安装一套管,类似管套式换热器进行伴热。

④ 电伴热:电伴热带安装在工艺管道外部,利用电阻体发热来补充工艺管道的散热损失。

(2)日常检查要点

① 在下雨之后,对电伴热带系统进行检查,雨淋之后电伴热带保温层及其配件可能会受到一定的影响,所以要马上做出处理才可以。对于损坏的保温层或防水罩要及时进行更换与维护,保证内部的电伴热系统完全防水。

② 定期查看电伴热带有没有漏电、跳闸、报警等现象,看其运转是否正常。

③ 安排专人负责对电伴热带系统定期进行日常监测,包括线路运行、保持周围环境的干燥。

④ 检查电源盒安装位置是否正确,并且看分线盒和密封端子是否密封好。

⑤ 定期检查发热情况,查看电伴热带的发热是不是正常,如果不正

常,需要查看是什么原因,及时做出处理。

⑥ 定期查询保温层保温情况,查看其保温层是不是有浸水或者破损的现象,如果有,要及时进行处理维护。

⑦ 在使用过程中不要对电伴热系统进行私自改装,因为电伴热带功率的大小和长度有必然的关系,在没有专业技术人员的指导下私自拆装可能损坏电伴热带或达不到原要求的伴热功效。

⑧ 冬季时,要集中排查各关键点电伴热系统是否正常工作。对于没有电伴热失效的停运设备,要将其内部残余液体放空,防止结冰将设备涨裂。

39. 常见的防腐措施有哪些？油漆作业的关键控制要点有哪些？

(1)防腐措施

根据引起腐蚀的原理和构筑物的结构,防腐一般从以下几个方面考虑:

① 合理选材,根据环境合理选用各类金属类或非金属类材料。

② 电化学保护技术,包括阴极保护和阳极保护以及杂散电流排流技术。

③ 表面处理技术,比如磷化、氧化、钝化、表面转化膜技术等。

④ 涂层、镀层技术,主要有涂料、油脂、镀层、衬里、包覆层等。

⑤ 环境调节,即改善环境介质条件,如封闭式循环体中使用缓蚀剂、调节 pH 值,脱气、除氧、杀菌、脱盐等。

⑥ 正确的设计与施工,在工程与产品设计时正确选材与配合,设计合理的几何形状与表面状态,严格施工工艺,采取正确的保护措施,特别是防止接触腐蚀、应力腐蚀、缝隙腐蚀及焊缝腐蚀等。

(2)油漆作业的关键控制要点

① 用喷砂除锈时,喷嘴接头要牢固,不准对着人,喷嘴堵塞时,应消除压力后方可修理或更换。

② 使用煤油、汽油、松香水、丙酮等调配漆料时,应穿戴好防护用品并严禁吸烟。

③ 在室内或器内喷涂时要确保通风良好,且作业的周围不得有火种。

④ 静电喷涂时,喷涂间应有接地保护装置。

⑤ 高处油漆作业,必须佩挂安全带,设置脚手架,使用活动板、防护栏杆和安全网。

⑥ 无特殊要求的情况下,一般遵循两层底漆三层面漆的要求。

40. 日常工作中需要用到软管和接头的配管,有哪些知识要点?

高压软管是指工作压力在 1 MPa(含)以上的软管。

外输软管是指应用于输油终端与油轮之间连接的输送原油的复合型橡胶软管。

(1)软管储存

① 软管到达现场设施后,使用单位应仔细阅读其使用说明书或维护保养手册,对软管的完好性进行检查,记录软管出厂时间、压力等级、尺寸和长度等信息。

② 对于暂不使用的软管,应按生产厂家的储存要求进行储存,对于厂家没有明确储存要求的,应满足下列条件:

a. 软管尽量在室内储存,在室外储存的软管应尽量使用帆布覆盖,避免阳光和强烈人造光源照射,导致软管老化;

b. 软管不得与有机溶剂、油、脂、酸等存放在一起;

c. 软管应避免存放温度过高或过低对软管性能的损害;

d. 软管不得存放在汞蒸气灯、高压电气设备或其他能够产生电火花的装置附近;

e. 软管储存时应避免受挤压和拉伸而导致永久变形,大口径软管存放时应在端部装上管帽;

f. 软管组合件储存期最长为两年,散装软管最长为四年,对于厂家有明确要求的,遵照厂家要求执行。

③ 海上设施应定期对库存的软管进行检查和保养,发现软管老化或腐蚀时应及时标注并处理。

(2)软管使用

① 海上设施应根据工作环境、传送介质、传送方法、工作条件等,选择符合国家标准或行业标准的软管和软管组合件。

② 软管不得在超过其设计或生产厂家建议使用压力、温度(包括流体温度)和传输介质等条件下使用。

③ 搬运软管时,不得在锋利或粗糙表面上拖拽,也不得扭结或压扁。大口径软管和软管组合件,在吊运时应防止压扁导致永久变形。

④ 软管和软管组合件一般不得在扭曲状态下工作,不得在小于软管生产厂家规定或建议的最低弯曲半径下使用,同时应避免软管接头附近弯曲或扭曲,高压应尽量避免悬空;在没有生产厂家规定或相关规范要求的情况下,尽可能使用较大的曲率半径。

⑤ 软管和软管组合件在受拉力条件下使用时,应做好软管破、断的风险控制措施。

⑥ 软管和软管组合件用来输送具有毒性、腐蚀性、易燃、易爆介质时,应当制订预控泄漏的安全措施。

(3)软管和软管组合件在装配前的检查

① 插接软管应确保接头处无锋利的棱角,芯管、套管等尺寸应确保在正确安装时能够有效密封。

② 螺纹连接软管上扣扭矩应适当。

③ 高压软管和软管组合件必须使用安全链或安全绳,在管线适当位置进行有效固定,防止管件接头脱开或管线爆裂时伤人,固定卡子与高压软管本体间必须加装防磨胶皮;用于固定使用的软管和软管组合件,应当支撑固定。

④ 软管安装好端部管接头后,应按照《橡胶和塑料软管及软管组合件 静液压试验方法》(GB/T 5563—2013)的要求对软管组合件用软管规定的试验压力进行静压试验,接头处不得出现泄漏,管接头和软管不得滑

脱;试压时应先试低压,再试高压,禁止直接进行高压试验。对于常压使用的软管,只进行常压查漏检查即可。

⑤ 高压软管在试压期间应确保无关人员远离危险区。

⑥ 高压软管使用时,压力要均衡缓步调节,避免突然压力增大损坏管体。

⑦ 高压软管使用期间,应做好隔离警示,避免无关人员误入危险区。高压作业前后要广播通知全体人员。

⑧ 高压软管带压期间,禁止敲击管线或接头,不准带压处理泄漏。

⑨ 软管使用期间应加强巡检,发现软管有明显抖动、脉动、磨损、渗漏、刺漏等现象应及时处理。

⑩ 软管及软管组合件使用后应及时排空输送物料,并用合适介质扫线,如有必要对接头进行保养。冬季使用结束后应及时扫线,以免冻堵管线。

(4)非外输软管检查

① 软管使用前应依据《橡胶和塑料软管及软管组合件 选择、贮存、使用和维护指南》(GB/T 9576—2013)和厂家提供的产品说明书对软管进行检查,并填写"QHSE-SM-42 R01 非外输软管使用前安全检查记录表"。软管一旦符合检查表中的报废条件或厂家推荐的其他报废条件的,应及时予以报废。

② 软管达到报废条件后,不得在作业公司管辖范围内使用。作业公司自有的软管报废处理按照固体废物回收处置管理实施办法的规定执行。

(5)外输软管检查与检测

① 外输软管每次使用前应进行外观检查,并填写"QHSE-SM-42 R02 外输软管使用前安全检查记录表"。

② 出厂未超过 6 年的软管在海上使用期间,与油轮连接的一节软管的检测周期为 1 年,其他节软管检测周期为 2 年。出厂超过 6 年的软管,检测周期为 1 年。

③ 外输软管应按《外输软管检测维修储存运输技术要求》(Q/HS 9013—2018)的规定,进行整组软管水压测试、真空测试、导电测试。

(6)外输软管的报废

①当外输软管外观检查出现下列条件之一即报废：

a. 软管局部孔径明显变化,达到原孔径的 10% 及以上；

b. 软管损伤程度达到加强层；

c. 软管内胶层出现起泡、膨胀,其凸起高度超过 15 mm；

d. 软管内胶层出现撕裂或内胶层与架构脱离；

e. 软管的某些区域被腐蚀性物质软化,且软化情况过于严重,无修复价值；

f. 软管漂浮介质损伤无法维修或漂浮介质严重萎缩而导致软管浮力明显减弱；

g. 软管主体架构因损伤或架构分离而导致软管变形、扭结、加强层断裂；

h. 软管法兰存在裂痕或深度腐蚀的情况、法兰或短节存在严重变形或扭结现象、法兰焊接处存在明显渗漏、末端配件接头松动,且无法修复；

i. 与油轮连接的软管的吊耳存在严重变形、裂痕或锈蚀。

② 当软管检测时达到《外输软管检测维修储存运输技术指南》中水压测试、真空测试、导电测试报废条件之一即应报废。

③ 当外输软管达到生产厂家提供的报废条件时应报废。

41. 常用的手动工具和使用中的注意事项有哪些？

常用工具基本分为手动工具、电动工具、检测工具三类。

手动工具:完全依靠人力作为能源动力。用手握持,以人力或以人控制的其他物体作用于物体的小型工具。用于手工切削和辅助装修的,统称为手动工具。一般这类工具均带有手柄,便于携带。

常见的手动工具有老虎钳、螺丝刀、扳手等；它们的特点是设计简单、体积相对轻巧、可使用简单杠杆操作、需要人力操作（例如敲击、推拉、压榨等）。手动工具要定期维护,保持良好状况,使用正确的工具和配件,每次使用前检查工具是否破损,严禁使用已损坏的工具,使用过程中特别注意手和面部的保护,根据提示使用工具和配件,使用正确的个人防护设备。

① 扳手、螺丝刀:一起使用时往往导致"滑边"问题,要确保使用的刀片适合自己的螺丝刀。

② 扳手、老虎钳:扳手和老虎钳也会滑边,使用时要确保它的松紧度合适。

③ 管钳:要注意向哪个方向用力旋转,站好位置,保持自己身体平衡,朝自己站的方向用力,而不是向相反的方向用力,不要使用加力棒。

三、油水井管理

42. 在生产油井的井控管理要求有哪些要点？

(1)人员要求

要求现场相关作业人员具备井控证书,确保人员具备井控技能,出现应急情况能够第一时间对生产油井进行处理。定期检查人员证书的有效性。

(2)井控装置管理

① 井控装置应具有出厂合格证书、有效的检验报告和试压报告。井控相关人员应对井控装置的检验报告及试压报告进行审查确认。

② 应严格按照生产井井控管理实施细则的试压技术要求和试压周期对防喷设备及其配套设备进行试压,并填写试压记录。试压前应广播告知试压区域内无关人员撤离,并指派专人巡查。井控装置必须定期测试、检查和保养,并做好记录。

③ 地层流体到地面的通道必须具备两道有效压力控制屏障,如堵塞器、封隔器、井下安全阀、背压阀等。配备适用的井口测压防喷盒,现场紧急关闭系统要保持良好状态,以备应急之需。

43. 在役油井的屏障单元如何划分和判断？

① 在役阶段井(在役井):从完井结束到弃置交接前的各类油、气、水井。

② 完井结束:指完井作业方与生产方完成井交接的时间点。

③ 井屏障:为防止地层流体流动失控,由各个井屏障单元组成的控制系统。

④ 井屏障单元:井屏障的组成单元。其自身并不能阻止流体流动,但结合其他井屏障单元可共同组成井屏障系统。

⑤ 井分类:采用井屏障的原则,根据井屏障的状态,将井分为绿色井、黄色井、橙色井和红色井四类(见表 3-1)。红色井表示井发生泄漏失效的概率较高,应进行量化风险分析;橙色井可开展量化风险分析;黄色井需加强对屏障完整性的监控;绿色井失效可能性较低,可以继续监控生产。

表 3-1　四种颜色井的屏障原则与措施

类型	原则	措施	举例
红	① 一个屏障失效,另外一个屏障退化或没有验证; ② 已经泄漏至地面	① 立即开展详细的风险分析; ② 及时开展维修或降低风险措施作业	① 泄漏到地面; ② 对于油套环空带压值基本相同且未验证是否连通的井,按油套连通处理,此情况考虑为第一道屏障失效,同时第二道屏障未验证; ③ 环空带压超过规定的压力上限,而且泄漏至环空的速率超过了可接受准则
橙	① 一个屏障失效,另外一个屏障完好; ② 单个危害会导致两道屏障同时失效; ③ 两个屏障均退化	① 计划开展风险分析; ② 计划开展维修或降低风险措施; ③ 加强对屏障完整性的监控	① 采油树失效,没有补偿措施; ② 油套窜通导致 A 环空持续带压,且泄漏超过可接受准则; ③ A 和 B 环空间连通; ④ 对于油套环空带压值基本相同且未验证是否连通的井,按油套连通处理,此情况考虑为第一道屏障失效,同时第二道屏障完好; ⑤ 非热膨胀引起的环空持续带压,通过(1/2)″针型阀在 24 h 内能泄放至常压,且 24 h 内压力恢复至原值; ⑥ 第一道屏障失效;B 环空不带压或带压低于 100 psi*(该值来自于 RP90); ⑦ 一道屏障退化,一道屏障未验证
黄	① 一个屏障退化,另外一个屏障完好; ② 两个屏障均未验证	加强对屏障完整性的监控	① 浅层油气进入环空; ② 采油树阀门内漏超过了可接受准则,但是采取了适当的补偿措施; ③ 非热膨胀引起的环空持续带压,通过(1/2)″针型阀在 24 h 内能泄放至常压,且 24 h 内压力未恢复至原值; ④ 两道屏障均未验证,且环空带压值低于 200 psi(该值来自于 RP90)
绿	健康井——没有问题或有小问题	按照井完整性相关规程执行,最低监管	① 生产封隔器以上没有固井或者固井质量差,但是外层套管外有足够的地层强度和良好的固井水泥环; ② 两道屏障均未验证,同时环空不带压; ③ 两道屏障均未验证,环空带压是由于热膨胀引起; ④ 两道屏障均未验证,环空带压泄为 0 后,且 24 h 内压力不恢复

　* psi 为磅力/平方英寸,1 psi≈6894.757 Pa。

44. 油井油压、套压、回压、流压、地层静压等分别代表什么？

（1）油压

油压是油气从井底流到井口的剩余压力。测量油压的压力表安装在采油树油嘴前与油管连接的位置上。测得的油压高，说明油井的供液能力强；油压低，说明油井的供液能力弱。

（2）套压

套压是套管和油管环形空间内的压力。测量套压的压力表安装在采油树套管闸门处，与油管和套管之间的环形空间连通。它的大小反映环形空间压力大小及天然气从油中分离出来的多少。油井在正常生产中，套压是基本稳定的。合理的控制套压可以保持好的动液面，从而提高油井的高产稳产。

（3）回压

测量回压的压力表安装在油井输油干线上。连接的位置靠近采油树油嘴。回压反映从油井到管汇之间地面管线中的流动阻力。若测得的回压高，说明油黏度高或因油中含蜡较多，蜡析出附着在管壁上，阻碍了油的流动。回压是指原油从井口流到管汇的剩余压力。回压的高低反映出原油在地面水平流的流量，回压越低，说明原油的流量的阻力越小，产量也就越高，高回压说明原油的流量比较低，可能造成管线堵塞，严重的可能导致管泵憋压，造成躺井。

（4）流压

油井正常生产时测得油层中部的压力。

（5）地层静压

关井后压力恢复到稳定状态时的油层中部压力。

（6）泵出口压力

井底电泵出口压力。

45. 电潜泵的电气参数分别表示什么含义？

(1)电潜泵的绝缘

潜油电缆长度高达几百米到上千米,工作环境比较恶劣,电机绕组和电缆所处的环境高温、高压、高腐蚀,这就需要电机绕组和电缆对外部环境有良好的绝缘性能,一般电潜泵的绝缘电阻在 500 MΩ 以上。

(2)电潜泵的直阻

潜油电机绕组线圈的直流电阻。

(3)电潜泵的电压

潜油电机的输入电压。

(4)电潜泵的电流

潜油电机的输入电流。

(5)电潜泵的频率

潜油电机的输入频率。

(6)电潜泵的漏电电流

绝缘体是不导电的,但实际上几乎没有一种绝缘材料是绝对不导电的。任何一种绝缘材料,在其两端施加电压,总会有一定电流通过,这种电流的有功分量叫作泄漏电流,而这种现象叫作绝缘体的泄漏。

46. 电潜泵如何憋压？

(1)憋压准备工作

① 召开风险分析会;

② 做好关断信号的旁通;

③ 准备好 0~25 MPa 量程压力表两块,一用一备;

④ 拆卸油压表,安装上 0~25 MPa 量程压力表,并测试压力表接头是否泄漏;

⑤ 确认准备工作已经做好;

⑥ 确认中控和参与作业的相关人员通信正常;

⑦ 确认生产翼阀是否处于打开状态。

(2)憋压操作

① 记录需进行憋压油井的油压及电流,然后更换大量程的油压表(0~25 MPa);

② 至少两人在井口区进行操作,一人关闭生产翼阀,另一人观察油压表的上升速度并记录数据;

③ 注意憋压时间(不要超过 400 s),通知电工在电泵间观察油井的电流变化,避免电泵欠载停泵;

④ 当憋压达到一定压力,油压不再上升时,分析确认管柱是否有漏失或是电机反转;

⑤ 打开生产翼阀,进行泄压,开阀一定要慢,否则可能冲坏油嘴;

⑥ 同时根据憋压数据表,记录泄压数据;

⑦ 当压力泄到正常压力时,换回原量程的压力表;

⑧ 恢复信号旁通将憋压数据填表汇报给平台长。

47. 电潜泵气锁产生的原因、现象和处理手段有哪些?

(1)电潜泵气锁产生的原因

① 油井产液中由于含有较多气体,或者电潜泵入口含大量气体的时候,会导致油井电潜泵气锁,引起电潜泵欠载停机。

② 油井供液不足时,引起油井液面很低,接近泵吸入口,油套环形空间(简称环空)内的气进入电泵内导致欠载停泵。

(2)现象

① 油井电潜泵正常运转时,电流曲线可能稍高或者稍低于额定电流曲线,但是它应该是平稳对称的。机组正常运转时的电流卡片如图 3-1 所示。

② 电流曲线呈锯齿状。油井产液中由于含有较多气体,电流波动是由于液体中析出的气体引起的,如图 3-2 所示。

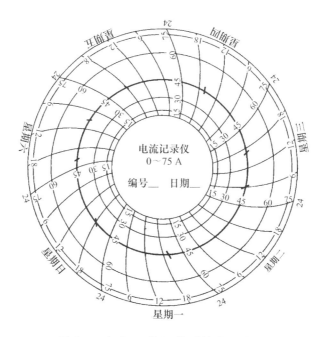

图 3-1　机组正常运转时的电流卡片

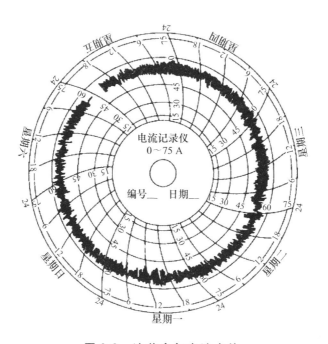

图 3-2　油井含气电流卡片

(3)处理手段

① 如果油井气过多,引起的电泵欠载停机,在电流曲线上表现为一段特别光滑,一段较粗或有波动,计量时油气比平常要高,套压也高。其原因是套管气排放不及时,逐渐聚集,引起套压升高压低了液面,游离套管气进入泵内。可以通过放套管气降低套压升高液面来解决。要维持连续平稳生产,一是平时要勤放套管气,二是在套管阀后安装定压放气阀自动排放套管气。

② 油井供液不足时,引起油井液面很低接近泵吸入口,油套环空内的气进入电泵内导致欠载停泵。处理办法有几种:将套压控制在很低水平,并调低欠载设定值。采用间歇生产,在等待液面恢复后再开泵生产,可以采取人工方式,也可以实行控制柜自动启泵方式。在调低欠载设定值的同时,缩小油嘴。如果泵挂较浅,可以通过作业加深泵挂深度。检泵作业更换为与油井相匹配的小泵。对油层进行酸化、压裂、有机解堵等增产措施。有的井还可以打开未开采层位生产,以补充液源。特别要说明的是,有个别平台油井因严重供液不足,通过往油套环空内补水,虽然油井能生产运行,但抽出来的大部分是水,生产压差反而减小,油层供液能力下降,因而该方法不可取。

48. 电潜泵的绝缘直阻在日常油井管理和故障判断中有何应用?

(1)在日常油井管理中

当电缆发生故障时,油井参数油压下降,温度下降,产液为零,取样口无液。地面控制柜一般表现为过载停机,有时配电盘也跳闸,电流曲线突然上升,与电机电气损坏相似,进行机组电气性能检测时,三相对地绝缘电阻为零,电阻平衡。电缆损坏常有两种情况:一种是在井口或油管挂处损坏,表现为直阻不超过 1 Ω;一种是远离井口,直阻为 2~3 Ω(视井深而定),具体损坏处可以根据每米电缆的阻值进行测算得出。对于在井口损坏的情况,可以采取重新接缆来解决;如果在采油树帽以下到几根油管处,可以采取上提油管重新接缆来处理;如果损坏深度较深,则必须检泵作业。

(2)发现电气损坏时

通常是控制柜过载停机,电流曲线上的电流突然上升后又突然掉下来。井口油压下降至回压,部分油井油压下降至零,取样口处取样无液,中控显示井液温度降低,产液量为零。通过电工测试,三相对地绝缘电阻为零,直阻很不平衡。只能通过检泵作业恢复生产。

49. 直井和水平井的井下管柱生产特点的差别是什么?

(1)直井

是一条铅垂线的井,通常是地面井口位置与钻达目的层的井底位置的地理坐标一致,并且井眼从井口开始始终保持垂直向下钻进至设计深度的井。在实际钻井施工中,受到地层和工艺等多方面的影响,不可能钻出完全垂直的井,通常所说的直井是指接近垂直的井。

(2)水平井

是最大井斜角达到或接近 90°(一般不小于 86°),并在目的层中维持一定长度的水平井段的特殊井。有时为了某种特殊的需要,井斜角可以超过 90°,"向上翘"。一般来说,水平井适用于薄的油气层或裂缝性油气藏,目的在于增大油气层的裸露面积。

50. 油井地层出砂的原因、油井出砂后现象和常见治理手段有哪些?

油井出砂是由于油气井开采和作业等综合因素造成井底附近地层破坏,导致剥落的地层砂随地层流体进入井筒,而对油气井生产造成不利影响的现象。地层砂可以分骨架砂和填隙物两种。

(1)出砂的三种原因

① 地质因素,大致分为三种情况:构造应力的影响,颗粒胶结性质和

流体性质。

② 开采因素:主要包括地层压降及生产压差对出砂的影响,流速对出砂的影响,含水上升或注水对出砂的影响和地层伤害的影响。

③ 完井因素:射孔孔道填充物对出砂的影响及射孔参数对出砂的影响。

(2)出砂的现象

① 砂粒可能在井内沉积并形成砂堵,使产量降低。

② 砂粒将磨损井内和地表设备,卡抽油泵进出口凡尔、活塞、衬套等。

③ 出砂严重的井还可能引起井壁坍塌而损坏套管和衬管,砂埋油层导致油气井停产,使采油的难度和成本都显著提高等。

④ 油压、电流、产液量会出现变化,油井一旦出砂,反映在电流上出现忽高忽低;产液量会大幅度上升;油压一般初期保持不变,随着出砂时间的推移,油压也出现不稳定的状况。三项基本参数之间的关系变得紊乱、毫无头绪。

(3)油井防砂方法

① 机械防砂法:指井下机械防砂管柱的方法,如图 3-3 所示。地层砂产出后,经过滤砂器才可到达地面,滤砂器具有高渗透性,但可以阻挡地层砂通过。

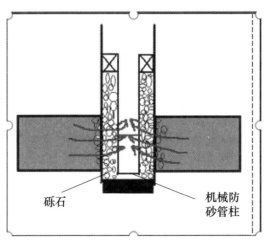

图 3-3 井下机械防砂管柱

② 防砂管柱砾石充填法：指将特定大小的砾石填充到井孔空间中，形成砾石包裹层，以抵挡井底裂隙中的粉砂，防止井壁失稳。砾石充填的颗粒大小和孔隙度需要根据不同的井壁条件来调整。砾石充填法的防砂效果主要依靠砾石包裹层的大孔径、高孔隙度和强度，可以有效防止井底裂隙中的砂粒和井壁崩塌物质进入井筒造成砂砾流失。

③ 人工井壁法：是指向地层挤入树脂砂浆液、乳化水泥、预涂层砾石、水带干灰砂等，把具有特殊性能的水泥、树脂、预涂层砾石、水带干灰砂或化学剂挤入井筒周围地层中，这些物质凝固后形成一层既坚固又有一定渗透性和强度的人工井壁，达到防止油层出砂的目的。人工井壁法适用于油井已大量出砂，井壁形成洞穴的油水井防砂。

④ 人工胶结法：把有机或无机化学剂挤入油层或预充填砂层，使砂粒与砂粒间胶结成具有一定强度、渗透性好的砂层。这种固砂工艺对疏松油层出砂特别适用。

⑤ 焦化防砂法：通过向地层通入热能，使原油在砂粒表面焦化，形成具有胶结力的薄胶结层，达到防砂效果。

⑥ 复合防砂法：复合防砂法是结合机械防砂法和化学防砂法。

⑦ 其他防砂法：包括降低流速，增加射孔段长度、增加射孔密度，控制产量，以及增大油层径向应力，使用裸眼产层膨胀式封隔器，达到防砂效果。

51. 动液面如何测试？动液面在油井管理中有哪些应用？

(1)测试方法

动液面深度测试仪器通过采集由安装在井口的炮枪发出并经过井管接头反射的节箍波信号和经过油层表面反射的液面波信号，找出井口位置、动液面位置及基准节箍波，用公式($L=N\cdot L$)来计算动液面深度。其中 L 为平均油管长度。由于每个节箍波对应一节井管，因此，N 就是井管个数。由于传感器本身的噪声、环境噪声等多种噪声源的存在，所采集到的波形并非都能很容易地找出上述的各特征点，尤其是参考节箍波，这就给准确计算动液面深度带来困难,有时甚至根本无法计算。因此,对传感器输出信号的滤波处理成为准确计算动液面深度的关键。

(2)应用

油井的动液面是油井正常生产时,油套环形空间中的液面到井口的距离,根据动液面可以计算沉没度,分析井泵工作情况及油井供液能力。并根据液面的高低和液体的相对密度来确定抽油泵的沉没度、流压和静压。进而反映生产层的能量情况,不同的油藏区块,由于其油藏的地层的物性不同,油的性质也不相同,因此,油藏动液面好坏的标准不一样,油质黏度比较小的油藏比油质黏度比较大的油藏,正常生产情况时的动液面要高。此外,根据动液面、日产液、日产油、示功图判断井底电潜泵、油管是否正常,有无漏失或者断脱情况。

52. 泵工况采集数据有哪些？其对油井管理有何应用？

(1)数据类别

数据包括泵吸入口压力(井底流压)、泵出口压力、井下泵入口温度(井底流温)、泵出口温度、电机马达温度、马达径向振动、马达轴向振动、系统电流等。

(2)数据应用

① 泵吸入口压力

a. 油藏关键指标;

b. 提高泵效率;

c. 避免停泵、气锁;

d. 有助于提供准确的 ESP 要求;

e. 可用于故障分析。

② 流体温度

a. 提供准确的实时流体温度改变;

b. 油藏关键指标;

c. 与准确的泵出口温度相结合,可以计算出泵的性能。

③ 电机温度

a. 允许电机热管理,以防止减少电机的使用寿命;

b. 判断电潜泵过液情况。

④ 振动

a. 监测井下振动不但有助于选择最佳运行速度,而且也有助于预测时间表修井;

b. 振动监测是延长油井工作寿命的关键。

⑤ 泵出口压力

a. 可用于故障分析;

b. 判断泵效。

53. 油井故障后,如何进行故障判断与处理?

油井故障判断与处理如表 3-2 所示。

表 3-2　油井故障的判断与处理

故障现象	故障原因	处理措施
(1)泵的排量低或等于零	① 转向不对	调整电机相序、憋压测试
	② 地层供液不足或不供液	测试动液面,提高注水量完善注采关系,出砂井及时处理,加深泵挂,更换小排量机组。现场可适当补水
	③ 地面管线流程不畅通	检查阀门关闭状态
	④ 油管结蜡堵塞	进行清蜡
	⑤ 泵吸入口堵塞	反转,套管补水,停泵,正挤水
	⑥ 管柱有漏失,Y 堵有问题	憋压检查
	⑦ 泵或分离器轴断	修井换泵
	⑧ 泵的扬程不够	重新换泵
	⑨ 井下安全阀异常	在井口控制盘多开关几次或者通过手动液压泵来进行打压

续表

故障现象	故障原因	处理措施
(2)机组运行电流较高	① 机组在弯曲井段	上提或者下放若干根油管
	② 电压过高	调整电压值
	③ 井液黏度大	短期补水或降频生产,重新更换机组
	④ 井液出砂或其他杂质	取样化验,短期可降频生产,严重的采用其他方法生产
(3)过载停机	① 过载电流调整不正确	过载电流应调整为额定电流的120%
	② 油井出砂	进行冲砂或者重新放砂换泵
	③ 机械故障	换泵
	④ 电机短路或者电缆故障	换泵检查
	⑤ 地面电器设备的故障	检查
(4)欠载停机	① 欠载电流调整不正确	重新设定
	② 泵或者分离器轴断裂	换泵
	③ 线路故障	检查
	④ 气锁	排气
	⑤ 地层供液不足	缩小油嘴,提高注入量,加深泵挂,更换小泵

54. 含水率对油井有哪些影响?气油比对油井有哪些影响?

(1)油井含水率上升的影响

① 含水率上升造成日产油量下降,减缓了单井的采油速度;

② 由于含水率的上升,造成油层内大量原油开采不出来,降低了区块的采收率;

③ 由于局部油井含水率上升,造成注入水沿水线突进,一方面造成局部油层水淹,另一方面造成平面矛盾加剧,使其他区域油层注水见效慢或没有注水效果。

(2)气油比对油井的影响

当地下油层的压力降低到一定数值时,原油中的天然气就会大量脱出,使油气比增高。这时,地下原油由于天然气的脱出,黏度就会增大,流动阻力也就增加,造成油井产液量变小,产油量下降,还可能导致电泵气锁,长时间处理不当可能导致电泵烧毁,气油比过大甚至使油层里留下的原油成为"死油"而采不出来,降低了采收率。在这种情况下,为了保证油井长期稳产、高产,就必须适当控制油气比,减少能量的消耗,同时还要加强注水,以水驱油,不断补充油层的能量。

55. 注水井吸水指数的测试方法是什么？ 异常曲线该如何解读？

(1)测试方法

一般分为升压或降压测试方法,根据注水动态、现场流程情况、视注水指示曲线测试历史记录,确定测试的最高压力点和最低压力点,最高压力应小于地层破裂压力。均匀分配其他测试压力点,正常情况为 6～7 个压力点。根据测试井的注水情况,确定测试的稳定时间,一般每点为30 min。

(2)异常曲线

① 曲线为递减式,是一种不正常的曲线,不能应用,出现这种情况的原因是仪表、设备等有问题。

② 曲线为曲拐式,反映仪表设备有问题,不能应用。

③ 曲线为上翘式,除了和仪表设备有关外,还与油层性质有关。这种情况可能出现在地层条件差、连通性不好或不连通的死胡同油层,在这种油层注入的水不易扩散,油层压力升高,注入受到的阻力越来越大,使注入量增值减少,造成指示曲线上翘。

56. 合注/分注有何区别？ 分注技术有哪些？ 如何判断分注效果？

(1)合注/分注的区别

合注又称笼统注水,在多层注水井中,在井口利用同一压力,对各个注水层进行注水的油田注水开发方式。合注总体成本较低,工艺简单。但是,由于多层同时注入以及层间非均质性,会造成高渗层突进、低渗层注不进、动用程度低的情况。

分注即分层注水,与上面的合注相对,也是为了解决合注所导致的问题而采用的。根据不同油层的性质等划分为几个注入层段。利用封隔器、配水器等工具,将层段分隔开,向不同层段进行注水,使高渗层的注入量得到限制,低渗层能够强化注入。这样可以(一定程度上)解决合注的问题。

(2)分注技术

常见分注技术分为常规偏心分注工艺、桥式偏心分注工艺、同心集成分注工艺。

(3)分注效果评价

分层注水效果评价方法:采用产吸剖面法、油藏工程法、地层压力分析法对分注工艺前后生产动态指标进行分析对比,可定性定量地对油田分注工艺实施效果进行评价,找出问题加以提升,最终提高油田采收率。

57. 注水井酸化的原理、流程和效果评价方式是什么?

(1)酸化作业原理

酸化作业就是往油层中注入酸性液体,通过酸性液体对油层堵塞物和岩石组分的溶蚀,从而达到油层解堵和改善油层渗透性的目的,提高注水井的吸水能力。

(2)一般酸化作业的施工流程

① 挤清洗液:清洗液的主要组分是无机溶剂,目的是溶解和清洗井底周围的有机垢(胶质沥青)和污油。

② 挤前置液:溶解井底周围的无机垢(如碳酸钙等)。

③ 挤处理液:处理地层。

④ 挤后置液。

⑤ 挤顶替液。

⑥ 反排残酸。

(3)效果评价方式

可以通过注水井酸化曲线来评价注水井酸化效果,注水井酸化曲线类型主要归纳为戒下型、双台阶型、平均型和快速下降型四种,以戒下型为主。其中,戒下型平均有效期最长,快速下降型平均有效期最短。从影响酸化增注效果的作业参数、储层参数和堵塞程度等因素出发,深入分析各影响因素对注水井酸化增注效果的重要性等级,明确注水井酸化增注效果的关键影响因素,主要包括酸液类型及溶蚀解堵能力、酸化前视吸水指数、酸化半径、有效厚度、渗透率和孔隙度等,建立酸化有效期、累计增注量预测评价分析模型,评价成果可用作注水井酸化效果事先预判和评价。

58. 注水井套压产生的原因有哪些？如何解决套压问题？

(1)注水井产生套压的原因

① 部分油井井内流体有较强的腐蚀性,井内油管、井下工具发生腐蚀、穿孔,导致油管和油套环空之间相互连通,造成油套同压;

② 由于井下管柱摩擦磨损,造成防砂管柱密封桶损坏失效,正常的定位密封无法与防砂管柱密封筒实现有效配合,以至于地层压力传至油套环空,产生套压;

③ 油井管外壁固井质量差导致套管发生变形,出现裂纹或穿孔,套管外地层压力传至套管环空,产生套压。

(2)解决办法

① 通过更换新油管和井下工具,提高施工质量,能够解决套管带压问题;

② 在顶封之上增加顶部封隔器,或使用井口保护器;

③ 在井口之下增加油井的过电缆封隔器,或使用套压处理器。

59. 油井日常检泵作业的程序是什么？

油井常规检泵程序如下:

① 钢丝作业开循环滑套；

② 循环洗、压井；

③ 拆井口、装立管及防喷器；

④ 解封过电缆封隔器、起管柱；

⑤ 解泵、连泵、接电缆；

⑥ 下生产管柱、拆防喷器、装井口；

⑦ 钢丝作业座封过电缆封隔器；

⑧ 井口接线，启泵试运行。

60. 调剖、调驱、堵水、控水作业的差别和特点是什么？

为了调整注水井的吸水剖面，提高注入水的波及系数，改善水驱效果，向地层中的高渗透层注入化学药剂，药剂凝固或膨胀后，降低油层的渗透率，迫使注入水增加对低含水部位的驱油作用的工艺措施，称之为调剖。

调驱即调节驱动。将物理和化学手段相结合，尽量封堵水层，打通油层。这样便可以进一步驱出油层中的残余油，并且在地层中形成一面活动的"油墙"，产生"活塞式"驱油作用，以降低油井含水率，提高采收率。

油井堵水是油田开发中后期不可缺少的一项重要调整措施。其中心内容就是针对油层厚、多，层间差异大，且有的层位水淹严重，即高含水，所以必须对出水严重的层位进行控制，针对油井所采取的这些井下措施就叫油井堵水。高含水油井堵水是针对多层合采油井的一项增产措施。进行堵水作业，是封堵高含水层，发挥其他油层的潜能，以达到增产目的；对于注水开发油田，堵水作业可以改善注采效果，改变来水方向，增加扫油面积。

对于注水井，调整吸水剖面，提高水驱波及系数。为了达到上述目的而采取的措施统称为油田控水作业。其中针对老井控水所采取的措施，也就是常说的堵水，也称油田堵水。

现场实际作业时，一般将机械方法即采用封隔器卡封高含水层，使其停止工作,或利用打悬空水泥塞、电缆桥塞、填砂等措施,将上下油层保护起来,控制油井出水,称之为控水作业;采用化学堵剂对高出水层位进行封堵,称为堵水作业。

61. 常见的钢丝作业有哪些? 对油水井有何影响?

(1)海上油田常见的钢丝作业种类

① 井下测试:用钢丝携带压力计、温度计、电子压力计等仪器,测试地层压力和温度参数,若用直读式仪器,必须使用电缆下入相应仪器;

② 产液/吸水剖面测试:将流量计下入测试井段,测得不同层段产液/吸水量;

③ 探砂面/捞取砂样:用钢丝绳携带铅锤或捞砂筒,探测砂面深度/取砂样;

④ 高压物性取样:将高压物性取样器,下入需取样深度,采集油、气、水样,并保持密闭;

⑤ 投捞堵塞器或井下油咀、水咀:用钢丝携带专用工具,进行井下堵塞器投捞,更换分层配产、配注井下油咀、水咀等投捞作业;

⑥ 开关滑套作业:用钢丝携带专用开关滑套工具,对滑套实施开关作业;

⑦ 钢丝打捞作业:用钢丝携带打捞工具对井下落物进行打捞。

(2)对油水井影响

通过钢丝作业开关层位,可以进行分层测试,有助于了解油水井分层的动态特征。

62. 平台泥浆循环系统流程是什么? 有哪些具体用途?

(1)循环系统流程

通过泥浆泵将泥浆沿井下管柱至井底,再从环空返出,实现循环,携带岩屑,或实现压井等作业。

循环系统包括泥浆泵、地面高压管汇、立管、水龙头、井下钻具、油套环空、低压管汇、泥浆池。

（2）具体用途

泥浆循环系统适用于油井、水井钻探中泥浆循环作业。通过泥浆泵把循环系统分离好的泥浆钻井液注入钻井中。实现护臂润滑作用。

63. 常规井下作业的井控措施有哪些？出现早期溢流如何应对？

（1）井控措施

包括工程师法（等候加重法）、司钻法、边循环边加重法三种。

① 工程师法：发生溢流或井喷后，先关井，待压井液配好后，用一个循环周完成压井作业。优点是压井循环时间短，压井工程中最大环形空间套管压力相对较低，因此，施工过程中压漏套管鞋的风险较小，如果有条件，特别是气井宜采用该压井方法。

② 司钻法：司钻法压井通常至少要循环两周，第一周用原密度钻井液循环排除环形空间的溢流流体和受侵的钻井液，配好压井液后，第二周循环泵入新的压井液，压井过程中保持井底压力略高于地层孔隙压力。压井过程中套管鞋处的最高环形空间套管压力较高，并能先期消除侵入井眼中的地层流体，防止气体滑脱上升，并且获得稳定的立管压力、套管压力等资料后，无须等候计算和加重钻井液便可直接进行第一周循环作业。

③ 边循环边加重法：发现溢流后正确关井，记录关井立管压力、套管压力和循环池增减量，然后立即开始边循环边加重，加重的密度按一定的进度逐渐提高。优点是等候时间较短，允许大幅度逐步增加钻井液密度，适合井下情况复杂的井，但计算复杂，压井液通过钻杆时立管压力控制困难，现场不易操作。

（2）发生溢流应采取的措施

① 钻台应停止当前作业；

② 应发出溢流警报信号，并按照井控程序立即关井；

③ 队长应组织当班人员就位；

④ 停止热工作业，并检查确认应急舱门关闭情况；

⑤ 根据现场情况和井口压力资料等制定压井方案和施工措施；

⑥ 总监根据溢流状况和现场处理情况及时向上级报告；

⑦ 收集海况、气象等有关资料；

⑧ 通知油矿相关资源待命。

64. 井口控制盘液位异常下降后如何排查和应对？

(1)排查方法

井口控制盘液压油的去向只有两个，一个是井上安全阀，一个是井下安全阀，造成液位异常下降的可能只会是管线泄漏或者井上和井下安全阀泄漏，排查方法为：

① 现场巡检观察有无明显的液压油泄漏情况，包括且不限于井上安全阀、液压油连接接头、三通阀门、采油树上液压油接头、地面有无液压油漏油痕迹。

② 隔离井口控制盘内各单井抽屉井上井下安全阀液压油开关，观察单井井上井下安全阀压力有无下降，如果下降即是该井出现泄漏，再分别观察井上和井下安全阀压力，来判断是井上还是井下安全阀发生泄漏。然后观察管线及阀门，确定泄漏的具体位置。

(2)应对措施

① 如液压油位下降较快，立即关闭井口控制盘内各单井抽屉井上井下安全阀液压油开关，避免因压力下降过快导致三级关断。

② 随后根据压力下降情况判断出哪一口单井发生泄漏，对该井进行补压，如在补压的同时，压力仍然持续下降，将该口单井拍停，再进行漏点检查和维修。

③ 如液压油位下降较慢，便依照排查方法进行逐一排查，直至查出漏点。

65. 井下安全阀有哪些常见的故障和现象？如何应对？

(1)常见的故障和现象

① 密封圈失效，导致无法起到密封作用；

② 液压油管线及接头未连接好或有损坏，导致液压油泄漏，达不到开启井下安全阀的条件；

③ 液压腔本体出现问题，无法开启井下安全阀；

④ 井下安全阀使用时间太长，在长期高变载荷下运行导致产生疲劳，无法完全开启或关闭。

(2)应对方法

① 停井后，进行修井，更换损坏的密封圈；

② 判断液压油漏油位置，如在地面，紧固或更换管线及接头；

③ 停井，进行修井，更换井下安全阀。

66. 如何使用平衡压法开启井下安全阀？

(1)准备工作

① 工具物料：管线接头、打压介质(柴油)、精度为1.5级的压力表、活动扳手、管钳、检漏壶、液压泵、液压油、试漏液、加压泵、储液罐、垫片、毛毡、抹布、废油桶、高压软管、高压仪表管、隔离带。

② 安全：PPE(个人防护装备)、JSA(作业安全分析)、冷工许可证、信号旁通单。

③ 资料：井下安全阀开启压力、下入深度、井底压力、井口压力、井口温度。

(2)平衡流程连接

① 中控全平台广播。

② 检查周边环境，确认无交叉作业，拉隔离带。

③ 连接平衡流程管线→储液罐→修井泥浆泵→压井管汇→2"高压软

管→生产服务翼阀→油管。先对管线泄压,再通过高压软管连接储液罐到泥浆泵,泥浆泵出口至生产服务翼阀。

(3)试压

① 压力表检查:外观、量程、精度(1.5)、有效期、归零、压力等级。

② 高压软管检查:外观、连接处、压力等级。

③ 固定好管线后,连接打平衡压管线并试压,发现漏点应泄压后进行紧固,确保试压合格。

(4)加平衡压

① 检查量程:打开油压表隔离阀、清蜡阀、主安全阀、主阀和服务管汇生产翼阀,关闭生产翼阀。检查采油树油压表量程,根据正挤压力更换量程合适的压力表。

② 控制流量:根据相关资料计算出启动平衡压力,正挤介质为柴油,导通泥浆泵入口管线,出口高点排气,泥浆泵检查完毕后,打开压井管汇指向该井阀门,并确认指向其他井的阀门全部关闭。通知中控启动泥浆泵,观察压力表和流量计,平稳控制压力、流量,小排量缓慢升压,记录柴油泵入量。

③ 观察压力温度:井口压力上涨后,加密观察压力、温度变化趋势,当压力上涨至平衡压值,停泥浆泵,关闭服务管汇生产翼阀。记录泥浆泵运转时间、泥浆泵排量、泵出口压力。

(5)连手压泵

① 将液压油装入液压泵中,确认油位合格,空打几下排出泵内空气。

② 隔离井下安全阀至井口盘流程,将三通打至90°,用高压仪表管将手动打压泵连接至三通液压泵预留口。

③ 通知中控准备对仪表管试压,缓慢打至合理压力(不允许超过管线破裂压力),试压期间注意人员站位,不允许站在连接位置,确认无跑冒滴漏。如出现渗漏,泄压后进行紧固。

(6)打平衡压,开启井下安全阀

① 通知中控准备手动打压,开启井下安全阀。

② 导通液压泵至井下安全阀流程,缓慢进行打压至井下安全阀开启

压力。观察泵出口压力上涨情况及井口油压、温度变化趋势。

③ 记录液压泵的打压时间、排量、压力。

(7) 判断井下安全阀是否开启

① 观察液压泵出口压力表变化情况,若压力表突然波动(突然下降,然后继续上涨,最后保持稳定),可判断已打开。

② 打开生产翼阀,观察井口压力、温度、流量变化,若上涨,可判断已打开。

③ 开井生产,油管出液,可判断已打开。

67. 井口控制盘气锁的形成原因、现场处置措施是什么?

(1) 造成井口控制盘气锁的原因

① 吸油过滤器有部分堵塞,吸油阻力大,造成气泵气锁;

② 吸油管线内有空气;

③ 油箱液位太低;

④ 泵和吸油管口密封不严;

⑤ 油的黏度过高;

⑥ 油箱上空气过滤器堵塞;

⑦ 泵轴油封失效。

(2) 现场处置措施

① 清洗或更换过滤器;

② 隔离气泵出口管线,启泵将吸油管线及泵内空气排出,直至泵出物全部为液压油后恢复流程;

③ 向液压油箱中添加液压油,提高油箱液位;

④ 检查连接处和结合面的密封,并紧固;

⑤ 检查油质,按要求选用油的黏度,冬季检查加热器运行是否正常;

⑥ 清洗或更换空气过滤器;

⑦ 更换新泵。

68. 油样化验参数有哪些？在日常生产管理中有何应用？

原油化验包括物理性质和化学性质。物理性质检测包括颜色、密度、黏度、凝固点、溶解性、发热量、荧光性、旋光性等；化学性质包括化学组成、组分组成和杂质含量等。

海上油田油样化验参数主要为物理性质检测。

① 密度：原油检测相对密度一般在0.75～0.95，少数大于0.95或小于0.75，相对密度在0.9～1.0的称为重质原油，小于0.9的称为轻质原油。

② 黏度：原油检测黏度是指原油在流动时所引起的内部摩擦阻力，原油黏度大小取决于温度、压力、溶解气量及其化学组成。温度增高其黏度降低，压力增高其黏度增大，溶解气量增加其黏度降低，轻质油组分增加，黏度降低。原油黏度变化较大，一般在1～100 mPa·s，黏度大的原油俗称稠油，稠油由于流动性差而开发难度增大。一般来说，黏度大的原油密度也较大。

③ 凝固点：原油检测冷却到由液体变为固体时的温度称为凝固点。原油的凝固点一般在-50～35 ℃。凝固点的高低与石油中的组分含量有关，轻质组分含量高，凝固点低，重质组分含量高，尤其是石蜡含量高，凝固点就高。

④ 含蜡量：含蜡量是指在常温常压条件下原油中所含石蜡和地蜡的百分比。石蜡是一种白色或淡黄色固体，由高级烷烃组成，熔点为37～76 ℃。石蜡在地下以胶体状溶于石油中，当压力和温度降低时，可从石油中析出。地层原油中的石蜡开始结晶析出的温度叫析蜡温度，含蜡量越高，析蜡温度越高。析蜡温度高，油井容易结蜡，对油井管理不利。

⑤ 含硫量：原油检测含硫量是指原油中所含硫（硫化物或单质硫分）的百分数。原油中含硫量较小，一般小于1％，但对原油性质的影响很大，对管线有腐蚀作用，对人体健康有害。根据含硫量不同，可以分为低硫或含硫石油。

⑥ 含胶量：原油检测含胶量是指原油中所含胶质的百分数。原油的

含胶量一般在 5%～20%。胶质是指原油中分子量较大(300～1000)的含有氧、氮、硫等元素的多环芳香烃化合物,呈半固态分散状溶解于原油中。胶质易溶于石油醚、润滑油。

69. 油井计量技术和特点分别是什么？计量数据有哪些应用？

(1)国内常用的单井计量方式

① 量油分离器计量

该方式完全依靠人工操作,由人工开关阀门,将需要计量的单井导入量油分离器,然后记录液位计的读数并按下秒表。当液位上升到一定高度时,按停秒表,并再次记录液位计的读数。通过两次液位的刻度差和时间间隔,可计算出单井的体积流量。进行下一口井的计量时,关闭量油分离器的气出口,将液体压出量油分离器后,再切换流程,将下一口井的产出液导入量油分离器。

该计量方式有一定的可靠性和准确性,目前仍被广泛采用。缺点是劳动强度大,不能连续计量,手工记录的数据不利于数据采集和管理,且易发生人为因素而导致较大误差。

② 翻斗计量分离器计量

翻斗计量的原理是应用两斗式翻斗分离器工作原理,随着正在计量的工作斗的液面逐渐升高,整个翻斗系统重心也逐渐偏移,当液体进到其中的一个计量翻斗时,随着进入流体的不断增加,则这个翻斗的力矩不断增加,当达到翻斗翻转的条件时,系统重心偏移过轴的中心以后,原有平衡将被打破,计量翻斗自动翻倒,将斗内液体倾倒在罐内,同时另一个工作斗开始工作。

该计量方式改变了体积法量油的模式,改为称重测量,能实现连续计量,且可进计算机系统实现数据自动统计。该方式缺点是分离器体积较大,造价较高。目前,翻斗计量分离器可以和多路阀组合,实现自动选井计量。

③ 气液分相计量

该方式通过气液两相分离器对单井产出液进行气液分离,分离器气相出口设天然气流量计进行计量,液相出口设质量流量计进行计量,计量数据均可远传至计算机系统,实现数据自动统计。

该计量方式能实现单井的连续计量,且通过质量流量计能测出原油含水率,其缺点是含水率较高时,质量流量计对含水率的测量误差较大。

④ 多路阀自动选井计量

该方式采用多路阀实现自动选井,通过气液两相分离器对单井产出液进行气液分离,分离器气相出口设天然气流量计进行计量,液相出口设质量流量计进行计量,计量数据均可远传至计算机系统,实现数据自动统计。

多路阀占地面积远小于选井阀组,且可以完全实现自动选井、自动计量,常常被用于海上平台。近几年也有部分陆地油田开始采用。该设备的缺点是造价较高。

⑤ 活动计量车计量

对于管输串接而无法采用常规计量的油井,常采用活动计量车计量。该计量方式的优点是灵活、简便,缺点是劳动强度大,受天气条件的影响比较大。

考虑到该区块井数较多,且单井产量较低,选用自动化程度过高的计量设备投资较高,为节省投资,方便操作和管理,本书推荐采用翻斗计量分离器计量和活动计量车计量相结合的方式。对井数小于 4 口的井台,采用活动计量车计量单井产量,管线设计时考虑计量车接管留头。井数大于等于 4 口的井台,在井台设置固定计量装置计量,计量装置采用翻斗计量装置。

(2)计量数据在日常生产中的应用

① 计算气油比。通常把油井产气量和产油量的比值称为气油比,它表示每采出一吨原油要伴随采出多少立方米天然气。当地下油层的压力降低到一定数值时,原油中的天然气就会大量脱出,使气油比增高。这时,地下原油由于天然气的脱出,黏度就会增大,流动阻力也就增加,对开发造

成不利影响,甚至使油层里留下的原油成为"死油"而采不出来,降低了采收率。在这种情况下,为了保证油井长期稳产、高产,就必须适当控制气油比,减少能量的消耗,同时还要加强注水,以水驱油,不断补充油层的能量。

② 通过产水量、产油量及含水量变化判断油井地层情况。比如含水量突然大幅上升有可能是含水突破,产液量大幅下降有可能是管柱漏失,具体情况还需结合其他各类数据进行判断。

70. 分析注采关系的手段有哪些? 不同注采关系下油水井表现是什么?

(1) 油井注采关系分析手段

① 油田地质剖面图,能清楚地反映油田地下构造形态、地层产状、接触关系,也能反映地层岩性、物性、厚度沿剖面方向的变化,还可以标识油藏空间位置及油气水的分布情况,使用地质剖面图能够更好地分析油井注采关系。

② 利用油田不同阶段的生产动态数据来判断井组内地层的动态连通性。

③ 示踪剂检测,从注水井注入示踪剂,然后按一定的取样规定在周围产出井取样,监测其产出情况,对样品进行分析,得出示踪剂产出曲线,然后进行拟合,反映注水开发过程中油水井的连通情况,掌握注入水的推进方向、驱替速度、波及面积以及储层非均质性和剩余油饱和度分布等。

④ 调剖,从注水井进行的封堵高渗透层的作业,可以调整注水层段的吸水剖面。堵水是指从油井进行的封堵高渗透层的作业,可减少油井的产水。堵剂凝固或膨胀后,降低高渗层的渗透率,提高了注入水在低渗透层位的驱油作用。

⑤ 注水方式,主要有边缘注水、切割注水、面积注水和点状注水四种方式。

(2) 不同注采关系下油水井表现

油田多为非均质多油层,各油层的有效厚度、渗透率、原油黏度和比重都不同,如果油水井之间连通性较好,多为高渗透层,那么注的水流动就较快,油井的采油速度就会快,含水率上升也会比较快;油水井之间连通性不好,多为中低渗透层,那么注水流动性较慢,油井的采油速度就会慢,含水变化慢。同一口油井也会存在层间的差异,有些层位渗透性好,有些层位渗透性不好,就需要进行分层注水,或进行调剖作业,对各层进行分层配产,对渗透性好、吸水能力强的层控制注水,对渗透性差、吸水能力弱的层加强注水,合理分配,保持地层压力,使高、中、低渗透层都能发挥注水作用,实现油田高产稳产,提高采收率。

四、生产流程运维

71. 平台黑启动的具体流程是什么？

(1)准备工作

① 工具:扳手、对讲机、螺丝刀、试漏壶、抹布、毛毡、废油桶。

② 安全:PPE、JSA、通用作业许可证、信号旁通许可证。

(2)启动公共设施

① 手动启动应急机,启动 UPS(不间断电源),给中控负载和高、中、低压盘和应急盘负载送电。

② 启动空压机,建立公用气和仪表气压力。

③ 给透平辅机盘送电,燃油模式启动一台透平,运转稳定后停应急机。

④ 启动中控系统,对相关关断信号进行旁通并复位;投用火气监测系统(FGS),检查火气监测系统是否正常。

⑤ 消防管网建立压力,给电动消防泵送电,将电动消防泵和柴油消防泵打到自动状态。

(3)开井

① 中控旁通流程中的压力、液位低低信号,中控复位 ESD 1/2/3/4级关断信号。

② 复位井口控制盘,给易熔塞回路、ESD 站充气,复位总井下安全阀、总井上安全阀,恢复生产流程。

③ 导通生产流程手动阀门,按照从下游至上游的顺序进行 SDV 复位,与中控确认 SDV 及带关断功能调节阀的状态。

④ 按照开井程序,通知中控及另一平台准备先缓慢开一口气井倒入计量系统,将分离器、燃料气洗涤器的 PSV(压力安全阀)旁通阀缓慢打开,冲扫火炬分液罐 5 min;打开燃料气系统到闭排的阀门,冲扫闭排约 3 min。用燃料气作燃料点燃火炬。

⑤ 通知下游平台,按照海管预热程序对原油混输海管预热,准备开一口气井或产气高的自喷井进测试分离器。调试测试分离器压力稳定后通知另一平台供气。

(4)工艺调整

① 当混输海管接收端温度大于凝固点温度 3℃以上具备开井条件。通知中控、另一平台及终端,按照自喷井、电泵井、气井的顺序开井。

② 对一级和二级分离器建立压力和液位,一级和二级分离器压力正常后,通知中控、下游平台及终端启动压缩机。压缩机正常后启动气举井。

③ 一、二级分离器液位正常后通知下游平台及终端启动外输泵。

④ 当燃料气稳定并且满足透平用气量后,透平切断气源。

⑤ 当每一个系统投用后立即投用相应化学药剂。

⑥ 流程运转稳定后恢复信号旁通。

⑦ 恢复生产污水处理系统(有生产水处理系统的),启动注水或者注气系统(有注水注气系统的)。

⑧ 通知中控平台黑启动完成,注意观察生产是否稳定,现场有无跑冒滴漏,记录黑启动的过程和时间,中控全平台广播。

(5)上下游联络

① 输油:启动外输泵前及时通知下游设施平台,海管预热前通知下游。

② 输气:开气井测试分离器之前通知下游平台设施进行供气。

③ 输气前后与上下游沟通协调(启动压缩机前通知下游做好准备,测试分离器压力稳定后通知下游平台做好准备,气系统稳定后通知设施供气)。

(6)安全生产、文明操作

收拾工具。清洁现场,做到工完料净场地清,关闭各类作业许可证。

72. 关断后,分离器的压力该如何有序建立? 有哪些注意事项?

二级关断后生产分离器二级调压的 PV 阀打开,对生产分离器进行泄压。如确认是因仪表误报警发生的二级关断,现场确认无火灾及可燃气体泄漏,应把泄压 PV 阀隔离,以保存生产分离器压力。

在关断恢复时,导通下游混输海管及生产分离器流程后,对上游的混输海管以及上游的井口平台进行泄压,如生产分离器的压力仍未建立,则选取高套压井,把套管气导入生产分离器建立压力。

73. 注水泵的监测和保护手段、参数有哪些？

（1）注水泵的监测内容和保护手段

注水泵轴承振动监测、轴承温度监测、注水泵电机轴承振动监测、注水泵电机轴承温度监测、注水泵电机三相绕组温度监测、注水泵电流过载保护、泵体温度报警关断、注水泵进出口压力报警关断。

（2）注水泵监测参数

注水泵驱动端轴承振动值（mm/s）、注水泵非驱动端轴承振动值（mm/s）、注水泵驱动端轴承温度值（℃）、注水泵非驱动端轴承温度值（℃），电机驱动端轴承振动值（mm/s）、电机非驱动端轴承振动值（mm/s）、电机驱动端轴承温度值（℃）、电机非驱动端轴承温度值（℃）、电机三相绕组温度值（℃），泵体温度关断值（℃），注水泵进口压力低低（kPa）、注水泵出口压力高高/低低（kPa）。

74. 化学药剂泵启泵后不起压的原因和处置手段有哪些？

（1）原因

① 气锁；

② 入口滤器堵塞；

③ 单流阀堵塞或者故障；

④ 药剂泵机械故障；

⑤ 出口压力表隔离或故障；

⑥ 药剂泵后端流程管线泄漏。

（2）处置手段

① 打开压力表接入点处的泄放阀进行缓慢放气，直至气体完全泄放并且有稳定的药剂排出；

② 药剂泵停泵后将滤器拆卸清洗并回装测试；

③ 药剂泵停泵后将单流阀拆卸清理杂质，并回装测试，如出现单流阀

不能自动回落等故障现象,对其更换单流阀;

④ 维修或更换药剂泵;

⑤ 检查确认隔离阀处于正常状态,如有故障应更换压力表;

⑥ 排查药剂流程管线泄漏点,对泄漏点进行堵漏或更换管线。

75. 开闭排泵自动启停逻辑是什么? 如何计算有效容积?

(1)自动启停逻辑

开闭排罐液位在 PCS 液位计数值涨到启泵设定值时,开闭排泵启动;PCS 液位计数值降到液位低报警值时,开闭排泵停止。

(2)报警关断值

开排罐液位低低关断值为 300 mm,闭排罐液位低低关断值为 400 mm,闭排罐液位高高关断值为 2800 mm。

(3)计算有效容积

① 计算开排罐的有效容积

设开排罐罐体长度为 a,宽度为 b,液位高度高高关断值为 h_1,液位高度低低关断值为 h_2,有效容积 $V=a×b×(h_1-h_2)$。

② 计算闭排罐的有效容积

如图 4-1、图 4-2 所示,闭排罐封头长轴半径为 R,短轴半径为 b,液位高度为 h,罐体长度为 L。

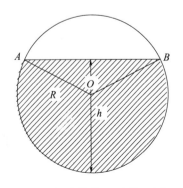

图 4-1　直筒横截面结构示意图

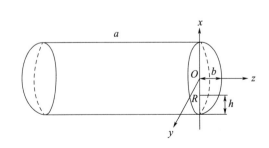

图 4-2　封头部位结构示意图

长轴半径为 R,短轴半径为 b

当液位高度 $h<R$ 时,容器液体体积为:

$$V = V_1 + 2V_2 = L\left[R^2\arccos\left(1 - \frac{h}{R}\right) - (R - h)\sqrt{2Rh - h^2}\right] +$$

$$\frac{\prod b}{3R}\left[3R^2h - R^3 + (R - h)^3\right]$$

当液位高度 $h>R$ 时,容器液体体积为:

$$V = V_1 + 2V_2 = L\left[\prod R^2 - R^2\arccos\left(\frac{h}{R} - 1\right) + (h - R)\sqrt{2Rh - h^2}\right] +$$

$$\frac{\prod b}{3R}\left[3R^2h - R^3 + (R - h)^3\right]$$

当液位高度 $h=$ 液位高度高高关断值时 h_1 时,闭排罐的有效容积＝液位高高液体体积－液位低低液体体积。

76. 常规海管通球中,清管球的类型有哪些？其特点和作用是什么？如何计算清管球通过时间？出现卡球该如何处置？

(1)清管球的类型

泡沫清管球、机械清管球。

(2)特点和作用

泡沫清管球通常采用子弹头形状设计、凹陷的底部设计、平面底部设计或两端都采用子弹头设计等,球体表面有光体的和 90 硬度的聚亚安酯表皮。聚亚安酯表皮球有螺旋形状、各种钢丝材料或硅涂层等。标准泡沫球长度为 2 倍的管道内径,泡沫清管球的优点是可以压缩、膨胀,重量轻,弹性好,能通过斜管、90°的弯头,开启 65％的阀门;它的缺点是它属于一次性产品,短距离运行、高浓度的酸性液体导致其寿命缩短。

机械清管球是一种多功能、长寿命的清管球,它的组成包括机械轴心和可更换的密封元件(杯状、碟片状),也可以配备钢丝刷和刮蜡片。它的优点是可以多次更换磨损的密封元件和配件进行重复利用、球体的流速控制阀门可以控制球速。

(3)计算通球时间

通球时间(h)＝管道容积(m^3)÷流量(m^3/h)

(4)卡球的处理措施

在通球过程中,由于管道内部情况复杂以及操作问题,可能将球卡在管道内。出现卡球的情况后,首先要判断球的位置,如果球是卡在球阀、三通、球筒等处,则按照以下方式处理。

① 球未发出(表 4-1)

表 4-1　球未发出的处理

可能出现的问题	原因分析	处理措施
发球端清管指示器没有反应	清管的压力和流量从旁路流失 	检查收发球端放空阀和排放阀是否处于关闭状态
	清管球的尺寸错误,产生 BYPASS(旁通)现象 	核查清管球的尺寸检查记录,再次确认清管球的尺寸是否正确
	清管的压力和排量不够,清管球无法通过发射筒变径短节 	缓慢增加清管排量和压力,同时监控发球端的压力
	清管球放置不正确 	停止清管作业,打开放空阀和排放阀,将发球筒内进行排空,打开发球筒,检查球的姿态,如果不正确,将球取出,重新放置

② 球未接收(表 4-2)

此情况适用于球已经进入收球端(通过跟踪器判断),但球未能进入收球筒内。

表 4-2 球未接收的处理

可能出现的问题	原因分析	处理措施
清管球不能进入收球筒内	进入收球筒端的主管线阀门没有完全打开 	检查收球端前的球阀是否处于完全开启状态
	清管球经过收球端的三通,球阀没有关闭,造成球运行姿态发生改变,卡堵在三通位置 	正常清管期间,收球段三通球阀处于关闭状态,直到球进入收球筒后再快速打开
	收球筒上的排放阀门完全关闭 	检查收球筒上的阀门是否完全开启
	由于球的磨损,密封减弱,或收发球两端存在高差,推球压力或排量不能将球推入收球筒内 	缓慢增加清管排量和压力,同时监控收发球端的压力

③ 清管球被卡在三通处(图 4-3)

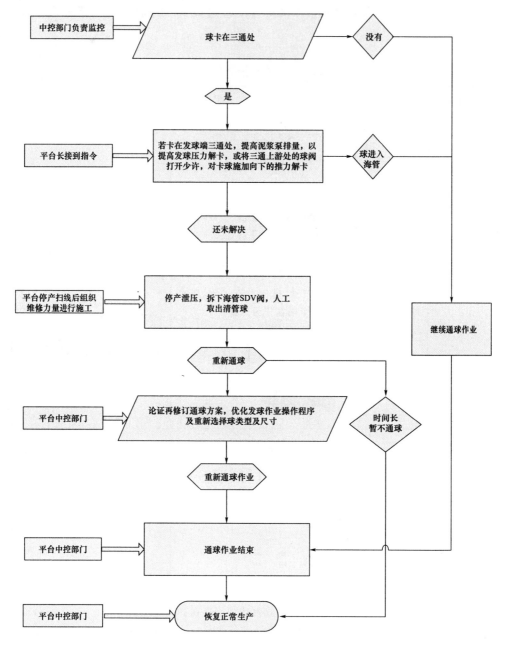

图 4-3　清管球卡在三通处应急处理流程

④ 清管球卡在海管中(图 4-4)

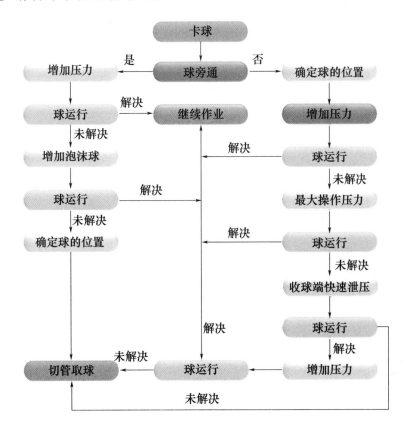

反推流程:

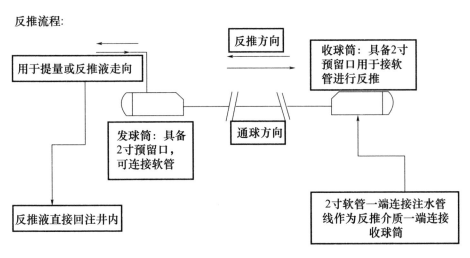

图 4-4 清管球卡在海管中的处理流程

77. 海管投用前需做哪些试验工作？海管停用需做哪些工作？

海管投用前,检查海管的绝缘法兰是否完整,包括螺栓、垫片。做强度试验,做气密试验,对海管进行惰化,对海管进行通球清洗,确认海管内无杂物,确认海管的完整性。

海管停用,应对海管进行通球作业,进行置换清洗,在海管内加入防冻、防腐药剂,对海管进行封存隔离。

78. 原油乳化液的形成条件是什么？有哪些类型？如何防止乳化液生成？

原油乳化液就是原油和地层水在共同的运动中,由于剧烈搅拌,使一种液体微小的液滴分散于另一种液体中所形成的混合物,这种混合物用普通机械方法不易分开。在原油乳化液中,油或水被分散的球状微粒直径通常在 $10 \sim 1000 \ \mu m$。

(1) 原油乳化液的形成条件

① 系统中存在两种以上互不相溶(或微量相溶)的液体;

② 有强烈的搅拌,使一种液体破碎成微小的液滴分散于另一种液体中;

③ 有乳化剂存在,使微小液滴能稳定地存在于另一种液体中。

(2) 原油乳化液类型

① 油包水型(W/O):水以极微小的颗粒分散于原油中,水为内相(或分散相),油为外相(或连续相)。由于水相微粒外有一层含有油、沥青、胶质的薄膜裹着水球,所以这种乳化液中的水分比较难脱。

② 水包油型(O/W):其他油以极微小的颗粒分散于水中,即油为内相(或分散相),水为外相(或连续相)。由于外相水有一种相碰撞聚集合并的性质,因此,水和油的分离就相对容易。

③ 其他:油包水包油型乳化液(W/O/W)和水包油包水型乳化液(O/W/O)。

(3)现场防止乳化液生成的方法

① 采用分层开采、封堵水层等控制油井出水。

② 控制油流搅拌。例如,提高油田地层集输系统和分离器的压力,减小油嘴后的压差,尽量简化集输流程,减少弯头、三通、阀件等局部阻力及泵的数量。

79. 电脱水器水滴在电场中聚结的方式有哪些?

(1)电泳聚结

原油乳化液的液珠,由于电离、吸附和摩擦接触等因素的影响,一般均带有电荷。在直流电场作用下,水滴将向同自身所带电荷极性相反的电极运动,带正电荷的水滴向负电极运动,带负电荷的水滴向正电极运动,这种现象称为"电泳"。在电泳过程中,水滴受原油的阻力产生拉长变形,并使界面膜机械强度削弱。同时,因水滴大小不等,所带电量不同,运动时所受阻力各异,各水滴在电场中运动速度不同。水滴发生碰撞,使削弱的界面膜破裂,水滴合并、增大,从原油中沉降分出。未发生碰撞合并或碰撞合并后还不足以沉降的水滴将运动至与水滴极性相反的电极区附近。由于水滴在电极区附近密集,增加了水滴碰撞合并的概率,使原油中大量小水滴主要在电极区附近分出。电泳过程中水滴的碰撞、合并称为电泳聚结。

(2)偶极聚结

在高压直流或交流电场中,原油乳化液中水滴受电场的极化和静电感应,会使水滴内的电荷重新分布,使水滴两端带上不同极性的电荷,异种电荷被吸引到带电体附近,而同种电荷被排斥到远离带电体的导体另一端,即形成诱导偶极。因为水滴两端同时受正负电极的吸引,在水滴上作用的合力为零,水滴除产生拉长变形外,在电场弱不产生像电泳那样的运动,但水滴的变形削弱了界面膜的机械强度,特别在水滴两端界面膜的强度最弱。原油乳化液中许多两端带电的水滴像电偶极子一样,在外加电场中以电力线方向呈直线排列成"水链",相邻水滴的正负偶极相互吸引。电的吸引力使水滴相互碰撞,合并成大水滴,从原油中沉降分离出来。这种聚结方式称为偶极聚结。显然,偶极聚结是在整个电场中进行的。通常偶极聚结力随着水珠直径的增大、含水量的增加、电场强度的增强而增大,但电场强度过高时,椭球形水滴两端受电场拉力过大,以致将一个小水滴拉断成两个更小的水滴,产生"电分散",使原油脱水难度加大。

(3)振荡聚结

水滴中常带有酸、碱、盐的各种离子。在工频交流电场中,电场方向每秒改变 50 次,水滴内各种正负离子不断地做周期性的往复运动,使水滴两端的电荷极性发生相应的变化。离子的往复运动使水滴界面膜不断地受到冲击,使其机械强度降低甚至破裂,水滴聚结沉降。这一过程称为振荡聚结。显然水滴越大,离子对界面的冲击作用越大,振荡聚结的效果越好。

80. 在生产系统中哪些流程工况会出现水击效应? 有哪些影响?

水击效应是由于突然改变流体的速度和方向造成压力明显增大的现象。具体来说,在有压力管路中,由于某种外界原因(如阀门突然关闭、泵突然停车)使水的流速突然发生变化,从而引起水击,由于压力水流的惯性,产生水流冲击波,就像锤子敲打一样,这种水力现象称为水击或水锤。水锤效应只和水本身的惯性有关系,和泵没有关系。可以降低改变的速度或者在改变处增大管径就可以减缓水击效应。水击可能会破坏管壁、阀门及泵,危害很大。

81. 流程的节点分析法是什么? 如何使用?

(1)节点分析法
就是将整个生产系统分成若干流动子系统,在分析各个子系统流动规律的基础上,研究各个子系统的相关系数及其对整个系统工作的影响,为优化系统运行参数和进行系统的调整提供依据。节点就是在生产系统中人工选定进行分析的某个位置。

普通节点:流体通过节点时,节点本身不产生与流量相关的压降。函数节点(功能节点):流体通过节点时,节点本身产生与流量相关的压降,压降大小(函数节点的压力-产量特性曲线)可以通过数学模型计算出来。

(2)节点系统分析方法进行油井生产系统分析时的步骤

① 建立生产模型;

② 根据确定的分析目标选定节点;

③ 计算并绘制所选节点的流入流出动态曲线;

④ 用现场数据动态拟合数学模型;

⑤ 计算流入流出的曲线交点,优选生产参数。

82. 系统压力等级如何划分?不同压力系统间过渡方式有哪些?

按照压力容器的设计压力,分为低压、中压、高压、超高压四个压力等级:

① 0.1 MPa≤低压 P(代号 L)<1.6 MPa

② 1.6 MPa≤中压 P(代号 M)<10 MPa

③ 10 MPa≤高压 P(代号 H)<100 MPa

④ 超高压 P(代号 U)≥100 MPa

按照不同工作环境,压力等级使用不同磅级(LB)的管线:

① A:ANSI 150 LB(对应 2.0 MPa)

② B:ANSI 300 LB(对应 5.0 MPa)

③ D:ANSI 600 LB(对应 10.0 MPa)

④ E:ANSI 900 LB(对应 15.0 MPa)

⑤ F:ANSI 1500 LB(对应 25.0 MPa)

不同压力等级间一般使用阀门、法兰作为过渡连接。

83. 闭排罐液位异常上涨有哪些可能的原因？该如何判断和应对？

(1)液位异常上涨可能的原因

① 闭排罐液位变送器故障；

② 生产分离器底部去闭排阀门未关闭,顶部安全阀动作；

③ 计量分离器底部去闭排球阀未关闭,顶部安全阀动作；

④ 混输海管收发球筒底部去闭排球阀未关闭；

⑤ 各油井采油树及计量/生产管汇阀门异常进入闭排；

⑥ 燃油分离器底部去闭排球阀未关闭；

⑦ 电脱水器底部去闭排球阀未关闭状态,顶部安全阀动作；

⑧ 污油泵出口去闭排球阀未关闭；

⑨ 注水管汇去闭排球阀未关闭；

⑩ 斜板底部去闭排阀门未关闭；

⑪ 消防管网压力变化导致雨喷淋内漏至闭排；

⑫ 开排泵、火炬分液泵转液量过大；

⑬ 原油分油机、柴油分油机、滑油分油机进入闭排阀门未关闭；

⑭ 计量加热器去闭排球阀未关闭；

⑮ 电脱水器前加热器、备用加热器、换热器底部,去闭排阀门未关闭；

⑯ 燃油冷却器去闭排阀门未关闭状态,顶部安全阀动作；

⑰ 燃气冷却器去闭排球阀未关闭,燃气洗涤器去闭排球阀未关闭,燃气滤器底部去闭排球阀未关闭,燃气加热器底部去闭排球阀未关闭；

⑱ 核桃壳顶部安全阀动作；

⑲ 闭排泵泵效降低或闭排罐内流体黏度过高,导致闭排泵转液过慢。

(2)判断和应对方法

① 中控与现场确认闭排罐液位；

② 现场确认开排泵、火炬分液泵、闭排泵状态；

③ 现场确认相关阀门状态,异常情况及时处理；

④ 根据液位变化程度启动两台或者三台闭排泵,与中控核对闭排罐液位变化;

⑤ 中控画面计量分离器、生产分离器、斜板除油器、电脱水器等液位、压力有无异常;

⑥ 查看消防管网压力是否变化,防止雨喷淋内漏至闭排,导致管网压力低低,从而误启备用消防泵,如有异常及时处理信号。

84. 火炬分液罐液位异常上涨有哪些原因?该如何判断和应对?

(1)液位异常上涨可能的原因

① 火炬分液罐液位变送器故障;

② 混输海管收发球筒 PSV 阀处有液体进入火炬分液罐;

③ 闭排罐流体进入火炬分液罐;

④ 燃气洗涤器失效,出现气携液进入火炬分液罐,引起火炬分液罐液位异常升高;

⑤ 燃气机进气滤器流体异常进入火炬分液罐;

⑥ 水套炉安全阀及旁通异常打开;

⑦ 生产分离器、二级分离器气携液进入火炬分液罐;

⑧ 斜板液位、压力高,液体通过斜板气相出口 PV、PSV 进入火炬分液罐。

(2)判断和应对方法

① 中控与现场确认火炬分液罐液位。

② 现场确认各条海管状态,无压力异常上涨;确认各条海管 PSV 阀门状态,如有阀门内漏,按相关操作规定关闭、隔离阀门;操作完成与中控核对,如继续上涨可判断为其他原因。

③ 确认火炬分液罐去闭排球阀状态,分别测试并判断该部位是否存在有液体进入火炬分液罐的情况;确认火炬分液罐去闭排管线阀门无异常,和中控核对液位。

④ 立即启动多台闭排泵,降低闭排罐液位;闭排罐液位过高,导致液位计无法观察,通知中控准备清洗液位计,对闭排罐两个液位计进行清洗,并不间断与中控核对液位,确保清洗效果,并及时记录液位;操作完成与中控核对,如继续上涨可判断为其他原因。

⑤ 现场确认 SDV 和 LV 状态,并配合中控测试,确保无异常,现场确认燃气系统流程正常。

⑥ 确认消泡剂状态,如果消泡剂泵不下药,立即启动备用消泡剂泵,并对故障泵进行滤网清洗和药剂管线冲洗,处理后仍无法启动故障泵,必须立即通知机械专业人员进行药剂泵检修。

⑦ 确认斜板压力、液位,并与中控核对,如果液位、压力高,判断可能液体通过斜板气相出口 PV、PSV 进入火炬分液罐,立即通知中控降低进入水系统液量,控制斜板压力、液位,必要时可打开底部进入闭排阀门进行紧急泄放。

85. 天然气脱水一般有哪些方法?

天然气脱水一般采用三甘醇脱水法和分子筛脱水法。

(1)三甘醇脱水法

溶剂吸收脱水法是利用某些亲水液体良好的溶水能力,并且不与水分发生化学反应,与天然气在塔内逆流接触脱除水蒸气,吸收了水蒸气的溶剂通过再生去除水分后循环使用的方法。

三甘醇脱水法属于溶剂吸收脱水法,在天然气脱水中使用比较普遍。根据脱水效果、运行成本和可靠性,工业生产装置广泛采用的溶剂是三甘醇(TEG),三甘醇脱水露点降可达 40 ℃。

(2)分子筛脱水法

吸附脱水法是用多孔性的固体吸附剂处理气体混合物,使其中所含的水吸附于固体表面,从而达到分离的目的。吸附脱水法主要用于天然气凝液回收、天然气液化装置中的天然气深度脱水,防止天然气在低温条件下生成水合物堵塞设备和管道。为防止高压天然气节流至常压时产生水合物堵塞,在压缩天然气加气站也常采用吸附脱水法。

吸附剂一般都再生循环使用,通过加热除去被吸附的水,通常采用经过预热的干气作为再生气来加热床层,使吸附剂再生。

分子筛脱水法属于吸附脱水法的一种。分子筛是人工合成沸石,是一种结晶硅铝酸盐,是强极性吸附剂,对极性、不饱和化合物和易极化分子有很强的亲和力,可按照分子极性、不饱和度和空间结构的不同对原料气进行分离。

分子筛热稳定性、化学稳定性高,比表面积大(达 $800 \sim 1000 \ m^2/g$);脱水深度高,其露点降可达 120 ℃以上,即脱水后干天然气露点可降到 -100 ℃以下,能满足低温冷凝分离工艺的要求和车用压缩天然气脱水的要求;动态湿容量大;不易被液态水损坏;寿命长。虽然分子筛价格高,再生能耗也大,但由于它具有上述优点,仍获得广泛的应用。常用的分子筛有 3A、4A、5A、13X 等,一般采用 3A 或 4A 分子筛。

86. 天然气脱烃的工艺原理是什么?

天然气脱烃采用低温冷凝工艺,是在一定压力下,将天然气冷却至较低温度,利用天然气中各组分的挥发度不同,使其部分组分冷凝为液体,并经分离设备分离、回收的过程。常用的制冷工艺主要有节流膨胀制冷、外加冷源制冷、膨胀机制冷和联合制冷。为控制外输天然气烃露点达到质量指标要求,通常仅需采用外加冷源制冷方式,将天然气冷凝至 $-20 \sim$ -30 ℃脱除液烃,即可满足要求。

制冷剂又称制冷工质,是制冷循环的工作介质,利用制冷剂的相变来传递热量,即制冷剂在蒸发器中汽化时吸热,在冷凝器中凝结时放热。为了使进入长输管道气体的烃露点符合要求,天然气处理厂常采用丙烷制冷脱烃工艺。丙烷在常温工况下无色无味、易燃易爆,是一种环保、健康的制冷剂,蒸发潜热小,单位容积制冷量小,适合制冷温度在 $-35 \sim -40$ ℃的场合。

87. SDV 阀门气动/液动、手动/自动流程分别是什么？

SDV(Shut Down Valve)，即紧急关断阀，是工艺安全系统的重要组成部分，是平台的紧急关断系统中的主要执行元件。它能够根据现场或远传的关断信号及时有效地切断或打开管线流体的通路，从而保证生产设施及人身的安全。

正常情况下，SDV 气路上的电磁阀接受中控信号得电动作，仪表气路导通，气源进入 SDV 气缸，在气源推动下，执行机构带动阀体旋转打开；在发生异常情况时，电磁阀接受中控控制信号失电关闭，切断气源回路，同时 SDV 气缸内的仪表气泄放，执行机构在弹簧反作用下带动阀体旋转关闭，从而切断流程。

气动流程是由仪表气提供动力源，进入气缸推动弹簧，将阀门打开，关闭过程是将仪表气释放，弹簧推动机构将阀门关闭，仪表气的进入与释放需要通过电磁阀来控制。

液动流程是由液压油提供动力源，进入油缸推动弹簧，将阀门打开，关闭过程是将液压油释放，弹簧推动机构将阀门关闭，液压油的进入与释放需要通过电磁阀来控制。

手动流程是在气动或液动流程失效后的备用方式，需要将气缸压力泄放掉，用手轮开启阀门；或利用液压缸杠杆，将液压油手动压入油缸，实现阀门的开启。

自动流程就是气动和液动流程的总称。

88. 注水指标都有哪些？注水指标超标有哪些影响？海上常用药剂及其原理有哪些？注入量不足如何影响流程？

(1)注水指标

注水指标包括水中含油、总铁含量、溶解氧、硫离子、铁细菌、腐生菌、硫酸盐还原菌、悬浮物浓度、粒径中值、腐蚀率，如表 4-3 所示。

表 4-3 注水指标

水中含油	总铁	溶解氧	硫离子	细菌			悬浮物浓度	粒径中值	腐蚀率
				铁细菌	腐生菌	硫酸盐还原菌			
≤20 mg/L	≤0.5 mg/L	≤0.1 mg/L	≤2 mg/L	<10⁴ pcs/mL	<10⁴ pcs/mL	<25 pcs/mL	≤15 mg/L	≤7 μm	<0.076 mm/y

（2）注水指标超标影响

水中的悬浮物主要包括化学沉淀物、黏土颗粒和微生物等，主要危害是堵塞油层渗流孔道，造成吸水能力降低。

如果注入水中含油量超标，将会降低注水效率，它能在地层中形成"乳化段塞"，堵塞油层孔隙通道，导致地层吸水能力下降。并且它还可以作为某些悬浮物很好的胶结剂，进一步增加堵塞效果。

溶解氧对注入水的腐蚀性和堵塞都有明显的影响。如果注入含量超标，它不仅直接影响注入水对注水油套管等设备的腐蚀，而且当注入水存在溶解的铁离子时，氧气进入系统后，就会生成不溶性的铁氧化物沉淀，从而堵塞油层，因此，溶解氧是注入水产生腐蚀的一个重要因素。

如果注入水中硫化物超标，则注入水中的硫化氢就会加速注水金属设施的腐蚀，产生腐蚀产物硫化亚铁，造成地层堵塞。

如果注入水中细菌总数超标，就会引起金属腐蚀。腐蚀物就会造成油层堵塞；油田含油污水中若大量存在细菌，就会加剧对金属设备的腐蚀，造成油层堵塞。这些细菌除自身造成地层堵塞外，还增加悬浮物颗粒含量并增大颗粒直径以及增大总铁含量。

如果注入水中悬浮物含量超标，就会堵塞油层孔隙通道，导致地层吸水能力下降。

（3）海上常用药剂及其原理

目前海上常用化学药剂：清水剂、破乳剂、缓蚀剂、防垢剂、消泡剂、浮选剂、杀菌剂。

① 清水剂

a. 凝聚作用。清水剂分散在水中，中和微小的原油粒子和固体悬浮物的表面电荷,使其利用粒子和粒子之间的范德华吸引力而凝结,小油滴凝结成大油滴,并在重力的作用下上浮,以达到除油的效果。

b. 架桥作用。清水剂在水中形成絮团,并利用絮团自身的异性电荷,吸引污水中的微小原油粒子、乳化油和其他悬浮物,在重力的作用下,上升或下降以达到除油的效果。

c. 破乳作用。降低乳化油表面张力,破坏乳化液的油水结构,促使油水分离。

d. 浮选作用。具有浮选功能多为表面活性剂,表面活性剂在水溶液中易被吸附到气泡的气-液界面上。表面活性剂极性的一端向着水相,非极性的一端向着气相。含有待分离的离子、分子的水溶液中的表面活性剂的极性端与水相中的离子或其极性分子通过物理或化学作用连接在一起。当通入气泡时,表面活性剂就将这些物质连在一起定向排列在气-液界面,被气泡带到液面,形成泡沫层,以加快油珠和固体颗粒的絮凝效果,提高絮凝剂与气泡的附着力,从而加速油水分离。

② 破乳剂

化学破乳剂较乳化剂具有更高活性,分散到油-水界面上,可将乳化剂排掉,自己构成一个新的易破裂的界面膜。这种膜在重力沉降和电场作用下,更易破裂,便于油、水分离成层;化学破乳剂具有反相作用,可使 W/O 型乳状液反相成 O/W 型。在反相过程中,乳化膜破裂;化学破乳剂对乳化膜有很强的溶解作用,通过溶解使乳化膜破裂;化学破乳剂可以中和油-水界面膜上的电荷,破坏受电荷保护的界面膜。

③ 缓蚀剂

有机缓蚀剂在金属表面以形成吸附膜为主,这类化合物的特征是含有 O、N、S、P 等原子形成极性基团中心,C、H 原子组成非极性基(烷基 R)团。在腐蚀介质中,缓蚀剂通过吸附,一方面改变了金属表面的电荷状态和界面性质,使金属表面的能量状态趋于稳定,腐蚀反应的活化能增加,减缓腐蚀速度;另一方面被吸附的缓蚀剂分子中非极性基团在金属表面形成一层疏水性的保护膜,阻碍与腐蚀反应有关的电荷或物质的转移,也使腐蚀速度减小。化学作用是缓蚀剂与金属之间形成化学键,实质上是金属表面或者氧化金属表面通常存在空位,缓蚀剂通过空位与金属形成的化学键的类型包括离子键、共价键、配位键。缓蚀剂的缓蚀效率与它的分子几何尺寸、截面积、氮原子的电子密度、杂原子、金属、有机双键(或三键)空间效应、分子结构有很大关系。同时,缓蚀剂之间也存在一定的相互作用。

④ 防垢剂

各种防垢剂可以通过不同的机理起到防垢作用,防垢剂防垢的主要机理有反应+络合(螯合)机理和吸附机理。

a. 反应+络合(螯合)机理:防垢剂在水中解离后的阴离子与成垢的阳离子通过反应+络合(螯合)产生稳定的水溶性的环状结构,起到防垢效果。

b. 吸附机理:防垢剂的吸附可通过两种机理起防垢作用。一种是晶格畸变机理,这是由于防垢剂的吸附,使垢表面的正常结垢状态受到干扰(畸变),抑制或部分抑制了晶体的继续长大,使成垢离子处在饱和状态或形成松散的垢,为水流带走;另一种是静电排斥机理,这是由于防垢剂(非离子型防垢剂除外)在垢表面吸附,能形成扩散双电层,使垢表面带电,抑制了晶体间的聚结,防垢剂也可在结垢表面吸附,形成同样的扩散双电层,使结垢表面带电,从而使晶体不能在结垢表面沉积,达到防垢的目的。

⑤ 消泡剂

a. 原油消泡剂降低气-液界面张力的能力大于起泡剂,通过顶替和增溶起泡剂破坏泡膜,使液膜破裂。

b. 促进液膜排液速度,使液膜迅速变薄而消泡。表面活性剂与泡膜液亲和性强,泡膜液随吸附层迁移,泡沫就稳定,反之,亲和性弱,泡膜液不随吸附层迁移,就容易消泡。HLB值大小反映亲油亲水性,HLB值大的亲水性强,是稳泡剂,HLB值小的是消泡剂。

c. 破坏膜的弹性,气泡受压时会变形,局部活性剂膜变稀薄而使表面张力升高,这种表面张力差使其可自动修复,泡不致破裂,破坏这种弹性就易消泡,消泡剂加入会向气-液界面扩散,使原来的助泡剂难以有恢复膜弹性的能力。

d. 顶替和增溶起泡剂破坏泡膜。

e. 破坏泡沫上表面活性剂的双电层而"拆除"液膜。

⑥ 浮选剂

向油水混合液中加入表面活性剂。表面活性剂在水溶液中易被吸附到气泡的气-液界面上。表面活性剂极性的一端向着水相,非极性的一端向着气相。含有待分离的离子、分子的水溶液中的表面活性剂的极性端与水相中的离子或其极性分子通过物理或化学作用连接在一起。当通入气泡时,表面活性剂就将这些物质连在一起定向排列在气-液界面,被气泡带到液面,形成泡沫层,以加快油珠和固体颗粒的絮凝效果,提高絮凝剂与气泡的附着力,从而加速油水分离。

⑦ 杀菌剂

各种类型杀菌剂能够杀死细菌的原因可以归纳为下面几个方面:妨碍菌体的呼吸作用;抑制菌体内蛋白质的合成;破坏细胞壁;妨碍菌体中核酸的合成。不同的杀菌剂其杀菌机理可能有所不同,但是只要具备了上述的一种作用,就能抑制或杀死细菌。

(4)药剂注入量不足的影响

化学药剂使用过程中,过量注入和欠注都会对流程及设备造成影响。

① 油系统破乳剂或清水剂注入量不足时会造成流程进液不均,生产分离器不进液或者油水界面不正常,进而造成油品质量变差,水相出口水质变差,混合区难以分离,给下游造成较大的处理负荷。

② 缓蚀剂欠注会造成生产流程管线、设备及储存、运输设备腐蚀,降低设备和管线寿命。

③ 防垢剂欠注会造成生产流程管线、设备及储存、运输设备结垢,增加沿程阻力。

④ 消泡剂欠注会导致分离器产生大量气泡,影响油水分离效果,影响界面准确度,并且使气相携液过多,容易导致火炬冒黑烟。

⑤ 水系统药剂清水剂欠注会导致水系统水中含油量升高并难以脱出,进而污染核桃壳过滤器,造成注水水质变差。

⑥ 浮选剂欠注会导致气浮选分离效果变差,导致污染下游核桃壳滤器。

⑦ 杀菌剂欠注。在油田水系统中,主要是回注污水的注水系统中含有大量的微生物。由于微生物的存在,给油田生产带来了极大的危害,细菌的种类繁多,按其呼吸类型大致可分为下述三类:

a. 好气性细菌:有氧气的条件下才能生长。

b. 厌氧性细菌:在缺氧环境中生长最好。

c. 兼性细菌:不管有氧与否都能生长。

这些细菌在繁殖、生长、代谢过程中,不但能引起设备的严重腐蚀,还能使水中固体悬浮物量增多、堵塞设备、损害地层、影响产能。

89. 简述 LV 控制逻辑和结构。每个元件故障会产生哪些影响?

(1)液位调节阀控制逻辑

通过现场电磁变送器根据现场液位所传输回中控的 $4\sim20$ mA 电信号,与中控设定值进行对比,若低于中控设定值,则通过 PID 调节传输电信号至现场对 LV 阀门进行逐步关小调节直至设定值附近,若高于中控设定值,则也通过 PID 调节传输电信号至现场对 LV 阀门进行逐步稳定开大直至设定值附近。

(2)液位调节阀结构

调节阀由执行机构、阀体[阀笼、阀座(密封环)、阀杆、阀笼压环]和附件[电磁阀、减压阀、过滤器、电/气转换器(I/P)、定位器、流量放大器、气动保位阀、快速泄压阀、限位开关]组成。

(3)液位调节阀元件故障的影响

① 阀内漏

阀杆长短不适,气开阀阀杆太长,阀杆向上(或向下)的距离不够,造成阀芯和阀座之间有空隙,不能充分接触,导致不严而内漏。同样,气关阀阀杆太短,也可导致阀芯和阀座之间有空隙,不能充分接触,导致关不严而内漏。解决方法:应缩短(或延长)调节阀阀杆,使调节阀长度合适,从而使其不再内漏。

② 填料泄漏

调节阀在使用过程中,阀杆同填料之间存在着相对运动,这个运动叫轴向运动。随高温、高压和渗透性强的流体介质的影响,填料函也是发生泄漏现象较多的部位。造成填料泄漏的主要原因是界面泄漏。界面泄漏是由于填料接触压力的逐渐衰减,填料自身老化等原因引起的,这时压力介质就会沿着填料与阀杆之间的接触间隙向外泄漏。解决方法:为了使填料装入方便,在填料函顶端倒角,填料函底部放置耐冲蚀的间隙较小的金属保护环,注意该保护环与填料的接触面不能为斜面,填料函与填料接触部分的表面要精加工,以提高表面光洁度,减小填料磨损。填料优选柔性石墨。

③ 阀芯、阀座变形泄漏

阀芯、阀座泄漏的主要原因是因阀体的铸造或锻造缺陷可导致腐蚀的加强。而腐蚀性介质的通过、流体介质的冲刷也会造成调节阀的泄漏。腐蚀主要以侵蚀或气蚀的形式存在。当腐蚀性介质在通过调节阀时,便会产生对阀芯、阀座材料的侵蚀和冲击,使阀芯、阀座呈椭圆形或其他形状,随着时间的推移,导致阀芯、阀座不匹配,存在间隙,关不严而发生泄漏。解决方法:关键把好阀芯、阀座的材质选型关,选择耐腐蚀材料,对存在麻点、沙眼等缺陷的产品要坚决剔除。若阀芯、阀座变形不太严重,可用细砂纸研磨,消除痕迹,提高密封光洁度,以提高密封性能。若损坏严重,则应重新更换新阀。

④ 阀门定位器故障

普通定位器采用机械式力平衡原理工作,即喷嘴挡板技术,主要存在以下故障类型。

a. 因采用机械式力平衡原理工作,其可动部件较多,易受温度、振动的影响,造成调节阀的波动;

b. 采用喷嘴挡板技术,由于喷嘴孔很小,易被灰尘或不干净的气源堵住,使定位器不能正常工作;

c. 采用力平衡原理,弹簧的弹性系数在恶劣现场会发生改变,造成调节阀非线性变化,导致控制质量下降。

可针对上述原因,采取清洁、可动部件修复及更换部件的方式进行修复。

智能定位器由 CPU、A/D、D/A 转换器等部件组成,其工作原理与普通定位器截然不同,给定值和实际值的比较纯是电动信号,不再是力平衡,因此,能够克服常规定位器的力平衡的缺点。

但在用于紧急停车场合时,如紧急切断阀、紧急放空阀等,这些阀门要求静止在某一位置,只有紧急情况出现时,才需要可靠地动作,长时间停留在某一位置,容易使电气转换器失控,造成小信号不动作的危险情况。

此外,用于阀门的位置传感电位器由于工作在现场,电阻值易发生变化,造成小信号不动作、大信号全开的危险情况。因此,为了确保智能定位器的可靠性和可利用性,必须对它们进行频繁地测试。

90. 调节阀 PID 调节的原理是什么?

在工程实践中应用最为广泛的控制是比例、积分、微分控制,简称 PID 控制,又称 PID 调节。

它结构简单、操作灵活、性能优越,成为工业控制的主要技术之一,为了有效地实现控制效果,PID 控制既可以 P 控制,又可以 PI、PD、PID 的形式出现,也可以其他形式出现,在很多情况下不一定需要全部的三个单元,可以取其中的一到两个单元,但比例单元不可以缺少。

比例控制是一种最基本的控制方式。其控制器的输出与输入的误差信号成比例的关系,即输出信号变化量与输入信号变化量成比例的关系。当仅用比例控制作用时,在噪声干扰信号的作用下系统的输出存在稳态的误差,即不可能达到预期的设定值。

当比例带增加时稳态误差减小,但一直有误差存在,显然仅靠比例的作用不可能实现无余差跟踪。要想获得稳态无余差性能,需要在基本比例控制作用的基础之上引入积分控制规律。

对一个自动控制系统,如果在进入稳态后仍然存在稳态的误差,则称这个控制系统是有稳态误差的控制系统。为了消除稳态的误差,在控制器中必须引入积分项,积分项对误差的响应取决于时间的积分,随着时间的增加积分项也会增加,这样即便误差很小,积分项也会随着时间的加大而加大,推动控制器的输出变化量减小使稳态误差进一步减小,直到等于零。因此,比例＋积分(PI)控制器,可以使系统在进入稳态后无稳态误差。

在微分控制中控制器的输出与输入误差信号的微分(即误差的变化率)成正比例。

自动控制系统在克服误差的调节过程中可能会出现振荡甚至失稳。其原因是存在有较大惯性组件或有滞后组件,具有抑制误差的作用,其变化总是落后于误差的变化。解决的办法是使抑制误差作用的变化"超前",即在误差接近零时,抑制误差的作用就应该是零。这就是说,在控制器中仅引入"比例"项往往是不够的,比例项的作用仅是放大误差的幅值,而目前需要增加的是"微分项",它能预测误差变化的趋势,这样,具有比例＋微分的控制器,就能够提前使抑制误差的控制作用等于零,甚至为负值,从而避免了被控量的严重超调。所以对有较大惯性或滞后的被控对象,比例＋微分(PD)控制器能改善系统在调节过程中的动态特性。

综上所述:在PID调节中,其比例是直接产生和当前偏差成比例的控制信号;积分的作用代表过去一段时间内偏差变化求平均值,与以往的状态有关,调节有滞后,目的是消除余差;微分的作用则可以理解为用先行外推的方法对偏差值的未来变化给出预测,调节具有超前性。

通俗地来讲:

比例值越大,调节阀每次动作越大;

积分值越大,每次重置时间越长,阀动作越慢(反应时间越长);

微分值越大,阀提前动作越早,即提前反应较灵敏。

91. 燃气系统泄漏点有哪些？日常管理中要注意什么？

(1)燃气处理系统的可能泄漏点

管线(海水、燃气管线)、设备锈蚀穿孔,各类仪表、阀门连接处。

(2)日常管理中的注意要点

① 查看压力、温度、液位、滤器前后压差等参数是否正常；

② 查看 SDV、PV、LV 的供气压力是否正常；

③ 查看 SDV/LV 的状态(自动、手动、开关指示状态)；

④ 要注意及时排液,尤其是冬天；

⑤ 定期冲洗液位计；

⑥ 当消泡剂下药不正常时,应密切关注容器液位；

⑦ 定期查看平台可燃气体探头是否出现故障,是否异常旁通,发现异常时及时通知仪表部门进行处理,巡检时可定期使用气体探测仪对燃气系统进行气体检测；

⑧ 查看现场有无跑冒滴漏。

92. 不同液位计及其特点有哪些？在日常工作中有哪些注意事项？

(1)液位计种类和特点

① 超声波液位计

超声波液位计是由微处理器控制的数字液位仪表。

在测量中超声波脉冲由传感器(换能器)发出,声波经液体表面反射后被同一传感器或超声波接收器接收,通过压电晶体或磁致伸缩器件转换成电信号,并由声波的发射和接收之间的时间来计算传感器到被测液体表面的距离。由于采用非接触的测量,被测介质几乎不受限制,可广泛用于各种液体和固体物料高度的测量。

超声波液位计由三部分组成:超声波换能器、处理单元、输出单元。

② 磁翻板液位计

该液位计适用于化工、石油等工业设备容器上做液位显示。

磁翻板液位计可用来直接指示密封容器中的液位高度,具有结构简单、直观可靠、经久耐用等优点,但容器中的介质必须是与钢、钢纸及石墨压环不起腐蚀作用的。

③ 压差式液位计

是一种测量液位的压力传感器,包括静压液位计、液位变送器、液位传感器、水位传感器、压力变送器等,是基于所测液体静压与该液体的高度成比例的原理,采用国外先进的隔离型扩散硅敏感元件或陶瓷电容压力敏感传感器,将静压转换为电信号,再经过温度补偿和线性修正,转换成标准电信号(一般为 4~20 mA/1~5 V DC)。压力式液位计适用于石油化工、冶金、电力、制药、供排水、环保等系统和行业的各种介质的液位测量。精巧的结构、简单的调校和灵活的安装方式为用户轻松使用提供了方便。

(2)日常工作中的注意事项

在日常工作中,要注意各液位计的保养重点,对于最常见的磁翻板液位计要注意容器内介质的特性,黏稠性介质会导致磁翻板液位计卡滞,需要定期清洗液位计。如果液体存在大量泡沫,可能会导致液位计计量不准确,应调整罐内工况,减少泡沫产生。日常巡检时如果发现磁翻板液位计存在与变送器不一致的情况,要首先检查液位计是否有卡滞,检查电伴热状态是否正常,分析卡滞是由于介质黏稠还是由于低温冻堵造成的。

93. 常见阀门及特点有哪些?日常操作中有哪些注意事项?

(1)常见阀门及特点

① 球阀

启闭件(球体)由阀杆带动,并绕球阀轴线做旋转运动的阀门。亦可用于流体的调节与控制,其中硬密封 V 形球阀的 V 形球芯与堆焊硬质合金的金属阀座之间具有很强的剪切力,特别适合含纤维、微小固体颗料等的介质。而多通球阀在管道上不仅可灵活控制介质的合流、分流及流向的切换,同时也可关闭任一通道而使另外两个通道相连。本类阀门在管道中一般应当水平安装。球阀按照驱动方式分为气动球阀、电动球阀、手动球阀。特点是耐磨、密封性好、开关轻、调节度大。小流量控制时避免使用球阀控制。不适宜作为节流使用,一般全开全关。

② 闸阀

密封性能比截止阀好,流体阻力小,开闭较省力,全开时密封面受介质冲蚀小,不受介质流向的限制,具有双流向,结构长度较小,并且适用范围广,适用的压力、温度范围大,密封性能良好。闸阀适用于小口径管路,用于截断或接通管路中的介质,选用不同的材质,可分别适用于水、蒸汽、油品、硝酸、醋酸、氧化性介质、尿素等多种介质,但闸阀不能作为节流工具使用。

③ 截止阀

截止阀,也叫截门,是使用最广泛的一种阀门,它之所以广受欢迎,是由于开闭过程中密封面之间摩擦力小,比较耐用,开启高度不大,制造容易,维修方便,不仅适用于中低压,而且适用于高压。截止阀的闭合原理是,依靠阀杠压力,使阀瓣密封面与阀座密封面紧密贴合,阻止介质流通。截止阀适用于不同开度的节流,应用范围广泛。

④ 蝶阀

可用于低压管道介质的开关控制的蝶阀是指关闭件(阀瓣或蝶板)为圆盘,围绕阀轴旋转来达到开启与关闭的一种阀。阀门可用于控制空气、水、蒸汽、各种腐蚀性介质、泥浆、油品、液态金属和放射性介质等各种类型流体的流动。在管道上主要起切断和节流作用。蝶阀启闭件是一个圆盘形的蝶板,在阀体内绕其自身的轴线旋转,从而达到启闭或调节的目的。

⑤ 针阀

调节精度比较高,但不适用于流量较大、管径较大的流程。

(2)日常操作使用中的注意事项

在日常工作中,球阀一般应用于全开全关流程,密封性较强,一般不作为节流阀使用,球阀全开后不限流是最大的优势;闸阀一般应用于全开全关流程,密封性较强,一般不作为节流阀使用;截止阀既可以截断流程也可以限流,但是该阀在全开后仍有限流作用;蝶阀较多应用于自动全开全关流程;针阀一般应用在药剂流程。日常要注意各个阀门的保养要点,对于盘根泄漏的阀门要对盘根压盖的两个螺母均匀施力,对于开关困难的阀门要及时保养涂抹黄油,注意在冬季对停用的流程进行放空,防止冻裂阀门。

94. 常见泵及特点有哪些?在日常工作中有哪些注意事项?

(1)常见泵及特点

① 离心泵

离心泵是利用叶轮旋转而使水发生离心运动来工作的。水泵在启动前,必须使泵壳和吸水管内充满水,然后启动电机,使泵轴带动叶轮和水做高速旋转运动,水发生离心运动,被甩向叶轮外缘,经蜗形泵壳的流道流入水泵的压水管路。流量连续均匀,易调节,流量随工作扬程而变,不适合做燃油、滑油、液压泵。效率低于容积泵。油田大部分泵为离心泵。离心泵启动前应手转联轴节 3~5 转进行盘车;避免干转,自吸式离心泵,初次启动也要灌液;停机备用时若室外温度在 0 ℃以下时需要对泵体进行放空。

② 螺杆泵

亦称"螺旋扬水机""阿基米德螺旋泵"。利用螺旋叶片的旋转,使水体沿轴向螺旋形上升的一种泵。由轴、螺旋叶片、外壳组成。抽水时,将泵斜置于水中,使水泵主轴的倾角小于螺旋叶片的倾角,螺旋叶片的下端与水接触。当原动机通过变速装置带动螺旋泵轴旋转时,水就进入叶片,沿螺旋形流道上升,直至出流。结构简单,制造容易,流量较大,水头损失小,效率较高,便于维修和保养,但扬程低,转速低,需设变速装置。多用于灌溉、排涝,以及提升污水、污泥等场合。适合高速工作,流量较均匀,摩擦面多,适用于输送无颗粒杂质的油类和较高黏度的液体。应防止干转;需要保证液体无杂质。要防止吸油温度太低、黏度过高,或吸油带入大量空气,以及吸入滤器堵塞。

③ 柱塞泵

柱塞泵是液压系统的一个重要装置。它依靠柱塞在缸体中往复运动,使密封工作容腔的容积发生变化来实现吸油、压油。柱塞泵具有额定压力高、结构紧凑、效率高和流量调节方便等优点。柱塞泵被广泛应用于高压、大流量和流量需要调节的场合,诸如液压机、工程机械和船舶中。有较强的自吸能力,有良好的密封性,适用于高压头、小流量。柱塞泵初次启动从低压逐步升至工作需要压力。

(2)日常工作注意事项

① 离心泵

a. 离心泵启泵前检查

确认离心泵电机正常,控制盘正常,逻辑正常,绝缘完好,对中完毕,处于可用状态;

检查泵体电机周围无异物,避免启泵后卷入电机;

确认离心泵电气隔离,拆下联轴器保护罩,检查联轴器连接正常,用专业工具盘泵,确认正常后,上紧保护罩,解除电气隔离,现场确认控制盘已经送电;

确认流程上的所有排放口、放空口都处于关闭状态,丝堵齐全;

确认压力表、温度表、压差表盘面清晰无破损,在有效期内,量程和精度满足需求,确认压力表、压差表流程导通,与中控汇报数值,读取数值时要平视压力表;

检查离心泵滑油液位处于看窗 1/2－2/3 处,油杯内滑油充足,油品正常;

对离心泵进口滤器和泵体进行排气,当有稳定液体流出后排气完毕;

与中控核对,确认离心泵前端设备液位满足启泵条件,通知下游平台准备启泵;

确认离心泵后端流程导通;

中控对离心泵出口的压力高高、低低信号进行临时旁通。

b. 离心泵启动操作

现场通知中控准备工作完毕,准备启动离心泵;

MCC(电动机控制中心)确认离心泵控制柜已经打到远程现场启动,确认电力情况满足要求;

与中控核对液位,计算转液量和转液时间,记录泵入口压力、滤器压差;

确定泵出口阀关闭,启动离心泵,观察运行是否有异常或泄漏,压力是否正常,与中控汇报压力;

通知中控,缓慢打开泵出口阀门,观察压力的变化;

MCC记录启动的电流和电压,中控和现场人员记录启动时间;

现场人员通过泵运转的声音判断泵的运行情况是否正常;

检查泵壳内有无滴漏,确认泵的机封密封正常;

现场人员检测泵的振动情况、电机和泵的温度情况;

中控恢复旁通的离心泵出口高高、低低信号;

中控关注离心泵前后端设备液位压力等参数的变化;

流程巡检,检查有无跑冒滴漏,记录参数(液位、温度、压力、泵进出口压力、压差)。

c. 离心泵停泵操作

到达转液液位后或流程异常,通知中控准备停离心泵;

手动逐渐关闭离心泵出口阀门,观察压力的变化情况;

出口阀全关后,现场停泵,检查机封、法兰处有无跑冒滴漏的情况;

隔离入口阀门,对泵体进行排空,检查保温伴热是否正常;

现场巡检,清理卫生,收拾工具,取消旁通关闭工单。

注意:泵类启动前需要注意润滑油液位、出入口阀门的开关、各压力表的指数是否正常。

② 螺杆泵

a. 运行注意事项

启动前应先将吸、排截止阀全开。

停用时先断电,后关排出阀,等停转再关吸入阀,以免吸空。泵不允许长时间完全通过调压阀回流运转,不应靠调压阀大流量回流使其适应小流量的需要。节流损失严重,会使液体温度升高,甚至使泵变形而损坏。

过高的转速虽能够增加螺杆泵的流量和扬程,但会加快转子和定子之间的磨损,缩短螺杆泵的使用寿命,所以注意不要一味地提高转速增大流量,可以通过减速机等装置降低转速并保持在合理的范围内。

必须保持出口压力恒定,这样才能正常运转。因为螺杆泵是一种容积泵,如果出口受阻,泵体内压力就会逐渐升高甚至超过预定的压力值,导致电机负荷急剧增加,严重的情况下会发生电机烧毁、传动零件断裂等情况。

b. 螺杆的存放、安装及使用

螺杆较长,刚性较差,容易弯曲变形,安装时要注意保持螺杆表面间隙均匀;

吸、排管路应可靠地固定,避免牵连泵体引起变形;

泵轴与电机轴的联轴节应很好地对中;

螺杆拆装起吊时要防止受力弯曲;

备用螺杆保存时最好悬吊固定,以免放置不平而变形;

使用中应防止过热而使螺杆因膨胀而顶弯。

③ 柱塞泵

平台上的柱塞泵主要应用于药剂系统,日常操作时注意启泵不能憋压启泵,要导通泵的上下游流程,注意该泵的出口压力、排量、扬程是否合适,泵滑油是否正常,启泵前需要排气,以防止气锁。启泵后观察泵出口压力是否正常,打压泵声音是否正常,对药剂进行标定,检查泵冲程和下药量是否正常。停泵时直接停泵,不需要先关闭出口阀。

95. 工艺管线及特点有哪些？日常操作中有哪些注意事项？

(1)工艺管线及特点

化工管道的主要作用是将各种不同类型的化工设备联系在一起,便于各种生产原料在其中传递和运输,以免其中的有毒有害成分在运输过程中意外泄漏。石油化工工程中输送设计压力等于或大于 0.1 MPa(表压)的气体、液化气体、蒸汽介质或者可燃、有毒、有腐蚀性、设计温度等于或高于标准沸点的液体介质,且公称直径大于 1 英寸(25.4 mm)的管道称为压力管道。

按照介质分类:AI 仪表气、AU 供用气、AV 冷放空气体、AG 伴生气,

CR 原油，FD 柴油，FW 消防水，DO 开排、DC 闭排，PW 生产水，WI 注水、WS 海水等。

按照材质分类：A 碳钢；B 低温碳钢；C 不锈钢；G 镀锌；H 碳钢内涂塑。

按照连接方式分类：法兰连接、螺纹连接、焊接连接。

工艺管线特点：耐高/低温、耐腐蚀、良好的力学性能、高屈服强度、高韧性、良好的可焊接性能。

(2)日常工作中注意事项

① 检查管线各部阀门、膨胀节、法兰、排污口、压力表、过滤器有无跑冒滴漏现象、压力温度是否在允许范围内、管线是否有肉眼可见的变形；

② 检查管线支撑、支柱是否完好；

③ 管线安全附件应齐全并且灵敏可靠、计量仪表检验合格且在有效期内；

④ 检查管线保温层，防腐层是否完好、管线震动是否有异常；

⑤ 检查跨接线是否完好。

96. 哪些故障会导致空压机系统仪表气压力低低？如何应对？

(1)可能的故障

① 仪表气管线漏气；

② SDV/LV 阀仪表控制器漏气；

③ 空压机异常掉电无法启动；

④ 空压机压力控制 PT 故障造成空压机无法正常加载；

⑤ 公用气用气量大造成公用气罐压力低；

⑥ 仪表气罐出口 PCV 故障造成 PCV 后端压力低；

⑦ 仪表气罐底部排水阀内漏；

⑧ 干燥塔进气阀故障无法打开；

⑨ 干燥塔排气阀故障无法关闭。

（2）应对措施

① 中控通知设施人员对仪表气系统进行排查；

② 全平台广播所有人员暂停使用公用气；

③ 现场各岗位对所属区域的仪表管线进行排查，发现漏点及时上报处理；

④ 中控将仪表气压力低低、井口盘手报站压力低低、易熔塞压力低低、井下安全阀/放气阀启动控制回路压力低低、井上安全阀控制回路压力低低、单井高低压导阀压力低低信号进行临时旁通；

⑤ 井口岗在井口控制盘上将各单井井上安全阀手动锁打开，各岗位将所属区域 SDV 阀用液压油手动打开；

⑥ 现场各岗在重要的调节阀处待命，若气源压力不足，将调节阀打到手动控制；

⑦ 若流程出现异常情况或失控，立即手动触发三级关断，关停本平台及上游平台油井。

97. 生产系统中有哪些压力调节和保护手段？其特点是什么？

压力是生产过程中重要的操作参数之一，生产流程设备常需要把压力控制在某一范围内，正确合理地操控压力变化对保证生产过程正常运行和安全十分重要。

（1）常见的压力调节

① 在管线、设备上安装自力式调节阀；

② 安装电动或气动自动调节阀。

（2）常见的保护手段

① 安装安全阀；

② 安装爆破片；

③ 安装 SDV 及 BDV。

（3）常见的压力调节阀特点

自力式压力调节阀是一种不需要额外驱动能量，依靠调节介质压力作为动力源的节能控制装置。调节介质压力变化时,根据设定值自动调整。自力式压力调节阀的优点是不需要外部能源和操作人员的帮助,就可以自动调节所需的动平衡。具有动作灵敏、密封性好、压力设定点波动小等优点。

电动调节阀是工业自动化过程中的重要执行单元仪表,由电动执行机构和调节阀连接组合后经过机械连接装配、调节安装构成电动调节阀,通过接收控制系统的信号,如 $4\sim20$ mA 的标准信号,并将电流信号转变成相对应的直线位移,驱动阀门改变阀芯和阀座之间的截面积大小以控制介质的压力。

气动调节阀是以压缩气体为动力源,以气缸为执行器,配以阀门定位器,通过接收控制系统的控制信号,将电流信号转变成相对应的直线位移,从而完成调节设备的压力。气动调节阀特点就是控制简单,反应迅速,且本质安全,不需要另外再采取防爆措施。

(4)常见保护手段的优缺点

安全阀是启闭件受外力作用下处于常闭状态,当设备或管道内的介质压力升高超过规定值时,通过向系统外排放介质来防止管道或设备内介质压力超过规定数值。当压力恢复到安全值后,阀门再自行关闭以阻止介质继续流出。安全阀属于自动阀类,主要用于压力容器和管道上,控制压力不超过规定值,对人身安全和设备运行起重要保护作用。

爆破片不仅能保护压力容器管道,低压、常压的容器也能保护,所以应用较广。说得通俗点就是在系统中设置了一个相对强度薄弱的部分,当超压时,爆破片破裂打开泄压,从而保护容器管道。相比弹簧式安全阀,爆破片有很多优点:成本低、动作灵敏、泄放面积大、维护简单等。缺点主要就是一次性,超压爆破后必须更换新的爆破片。

紧急关断阀 SDV 和放空阀 BDV 是工艺安全系统的重要组成部分,是平台的紧急关断系统中的主要执行元件。它能够根据现场手动或远程的关断信号及时有效地切断或打开管线流体的通路,控制压力异常变化,从而保证生产设施及人员的安全。

98. 生产系统中有哪些常见的液位调节和保护手段？其特点是什么？

液位控制系统是以液位为被控参数的系统，液位控制一般是指对某控制对象的液位进行控制调节，以达到所要求的液位。液位控制在石油化工生产过程中有着非常广泛的应用。对液位的测量和控制效果直接影响到生产流程的稳定，而且也关系到生产的安全。

(1)生产系统中常见的液位调节

① 安装液位调节阀；

② 安装液位开关。

(2)特点

① 液位调节阀：调节阀用于调节介质的液位。根据调节部位信号，自动控制阀门的开度，从而达到介质液位的调节。调节阀分电动调节阀、气动调节阀和液动调节阀等。液位调节阀主要由调节阀、控制仪表、液位传感器组成，其目的是控制液位，保证液位不超过或者不低于设定值。工作原理是接收液位计传输给控制仪表液位信号，控制仪表根据目标值及液位信号值输出偏差信号，调节阀通过与模拟信号量 $4\sim20$ mA 的对比，自动开关调节阀，直到液位信号、目标值及调节阀信号输出值一致后停止工作。该阀是远程自控自动化系统中重要组成部分，具有液位调节精准、智能控制等优点。

② 液位开关：也称水位开关、液位传感器，是通过液位来控制线路通断的开关。每个液位对应不同的动作，当液位达到某一个位置时，常开变常闭，或常闭变常开，从而引入信号去控制电路，控制泵的启停或者阀门的开关，达到控制液位的目的。

99. 仪表气对生产系统有何作用？仪表气压力低后如何应对？

(1)仪表气系统的作用

在生产系统中，仪表气系统主要用来为流程中的紧急关断 SDV 阀、

127

紧急放空 BDV 阀、流程调节 LV 阀、PV 阀、KV 阀等提供动力源,实现其紧急关断、紧急放空、流程调节作用,还为井口控制盘提供阀门气源和液压油泵动力源。

(2)仪表气系统不稳定造成的影响

① 压力不稳定。可能会造成 SDV 阀不能 100% 开启,形成对流程的限流;可能会造成 BDV 阀不能 100% 关闭,会产生意外泄放;可能会造成 LV 阀不规则动作,造成容器液位和压力波动;可能会造成 PV 阀不规则动作,造成容器压力和液位波动;可能会造成 KV 阀不能正确动作,造成核桃壳过滤器脱离正常工况,甚至会导致污水罐冒罐;可能会造成井口控制盘供气压力不稳定、压力波动大,极其不稳定时,可能会导致流程关断。

② 压力低。可能会造成 SDV 阀缓慢关小甚至关闭,严重影响流程运行;可能会造成 BDV 阀缓慢开启甚至全开,会造成系统关停甚至闭排罐、火炬分液罐冒罐;可能会造成 LV 阀缓慢关小甚至关闭,导致容器液位和压力升高触发报警或关断;可能会造成 PV 阀缓慢关小甚至关闭,导致容器压力和液位升高触发报警或关断;可能会造成 KV 阀异常关闭,影响注水缓冲罐液位或生产水缓冲罐液位或污水罐液位,导致容器液位高高触发关停甚至冒罐;可能会造成井口控制盘供气压力不足,液压泵无法正常工作,导致井上或井下安全阀异常关闭甚至流程关断。

③ 压力低低。会导致触发平台三级关断。

(3)仪表气压力低后生产系统的应急措施

① 通知各岗位到各负责区域检查 SDV 和 BDV 开关状态,核对现场 LV、PV、KV 阀状态是否与中控一致。

② 通知仪表和设施部门尽快排查仪表气系统存在的问题。

③ 中控密切关注流程各设备液位和压力是否有异常,如果发现异常及时通知现场进行干预。

④ 现场排查 SDV、BDV、LV、PV、KV 阀状态后,如果发现 SDV 或 BDV 处于非正常状态,要及时启用现场手轮进行强制开启或关闭,以恢复其正常状态;如果发现 LV、PV 阀与中控开度不一致(现场开度偏小),现场人员可以通过打开该阀门的旁通阀临时放液或放压;如果发现 KV 阀

状态异常后,可以将该核桃壳过滤器暂时下线。

⑤ 现场检查井口控制盘供气压力,确保减压阀后压力供应。关注井上、井下安全阀液压油压力,如果液压油泵不能正常工作,及时用手动液压泵补充压力,防止井上、井下安全阀异常关闭。

⑥ 协助仪表和设施部门检查流程中是否有仪表气泄漏点,及时解决问题。

100. 生产系统中有哪些气体介质和特点?系统间互联如何应对?

(1)生产系统中不同的气体介质和特点

原油处理系统中的主要气体成分是原油开采过程中的伴生气及部分原油溶解气。油田伴生气指的是因为油田在开采过程中,在油层间伴随石油液体出现的气体,主要成分是甲烷,通常含有大量的乙烷和碳氢重组分;溶解气在油层的压力和温度作用下,油层中的天然气全部或绝大部分都溶解于油中,一旦压力降低或温度增高,它们又可从石油中分离出来。原油溶解气常见于饱和或过饱和油藏中,其主要特点是重烃气含量高,有时可达 40%。

燃气处理系统中的主要气体由原油处理系统提供,用做燃气机发电和斜板处理器的覆盖气等,主要气体成分和原油处理系统气体成分基本一致。

污水处理系统中的主要气体成分是水蒸气、氮气覆盖气和少量原油中的溶解气(斜板处理器还有燃气覆盖气)。水蒸气是由于流程高温导致污水挥发,特点是水汽大,在常压容器液位波动较大时会携液喷出;氮气覆盖气是由平台制氮机制造,特点是受限于平台制氮机效率,偶尔有供气不足现象;溶解气是由污水中残余油析出的,特点是浓度较低,不具备回收价值,但在冷放空时仍有雷击点燃风险。

(2)不同系统之间互相连通的可能性和应对

① 优化改造连通

原油处理系统中,平台生产分离器具备互相连通的条件并且目前已经改造实施,生产分离器顶部相互连通后,可以平衡各生产分离器压力,降低相互间的压差,防止由于存在压差导致各生产分离器进液不均。燃气处理系统中,各级存在压差,并联设备较少,不具备连通条件和必要性。污水处理系统中,可以考虑将斜板处理器顶部连通,以降低各处理器之间的压差,缓解进液不均的情况。目前 CEPI 和 CEPK 均已实现污水罐和注水缓冲罐顶部连通,由于内部气体成分和压力几乎相同,液位变化呈相对性涨落,此连通节省了大量氮气供应。

② 意外故障连通

系统间的气体连通途径主要有闭排管网和火炬排放管网,闭排罐顶部去火炬排放管网,可以认为闭排管网气相与火炬分液罐气相是连通状态。系统间的气体连通只可能从管网中相互连通,但由于下游火炬头对空,管网内压力几乎为零,即使管网中各设备存在同时排放的情况,排放的气体也会去向下游燃烧,相互影响的可能性极小。如果发生异常连通,要首先排查哪个阀门存在内漏,通过上下游手阀和旁通阀及时干预。